非金属

NONMETALS

英国 Brown Bear Books 著
黄旭虎 译

電子工業出版社
Publishing House of Electronics Industry
北京 • BEIJING

BROWN BEAR BOOKS
Devised and produced by Brown Bear Books Ltd,
Unit 1/D, Leroy House, 436 Essex Road, London
N1 3QP, United Kingdom
Chinese Simplified Character rights arranged through Media Solutions Ltd Tokyo
Japan (info@mediasolutions.jp)

版权贸易合同登记号　图字：01-2022-6405

图书在版编目（CIP）数据

非金属 / 英国 Brown Bear Books 著；黄旭虎译 . —北京：电子工业出版社，2023.5
（疯狂 STEM. 化学）
ISBN 978-7-121-45229-1

Ⅰ. ①非…　Ⅱ. ①英…　②黄…　Ⅲ. ①非金属－青少年读物　Ⅳ. ①O613-49

中国国家版本馆 CIP 数据核字（2023）第 046032 号

责任编辑：郭景瑶
文字编辑：刘　晓
印　　刷：北京利丰雅高长城印刷有限公司
装　　订：北京利丰雅高长城印刷有限公司
出版发行：电子工业出版社
　　　　　北京市海淀区万寿路 173 信箱　邮编：100036
开　　本：787×1092　1/16　印张：20　字数：608 千字
版　　次：2023 年 5 月第 1 版
印　　次：2023 年 5 月第 1 次印刷
定　　价：188.00 元（全 5 册）

凡所购买电子工业出版社图书有缺损问题，请向购买书店调换。若书店售缺，请与本社发行部联系，联系及邮购电话：（010）88254888，88258888。
质量投诉请发邮件至 zlts@phei.com.cn，盗版侵权举报请发邮件至 dbqq@phei.com.cn。
本书咨询联系方式：（010）88254210，influence@phei.com.cn，微信号：yingxianglibook。

“疯狂STEM”丛书简介

STEM是科学（Science）、技术（Technology）、工程（Engineering）、数学（Mathematics）四门学科英文首字母的缩写。STEM教育就是将科学、技术、工程和数学进行跨学科融合，让孩子们通过项目探究和动手实践，以富有创造性的方式进行学习。

本丛书立足STEM教育理念，从五个主要领域（物理、化学、生物、工程和技术、数学）出发，探索23个子领域，努力做到全方位、多学科的知识融会贯通，培养孩子们的科学素养，提升孩子们实际动手和解决问题的能力，将科学和理性融于生活。

从神秘的物质世界、奇妙的化学元素、不可思议的微观粒子、令人震撼的生命体到浩瀚的宇宙、唯美的数学、日新月异的技术……本丛书带领孩子们穿越人类认知的历史，沿着时间轴，用科学的眼光看待一切，了解我们赖以生存的世界是如何运转的。

本丛书精美的文字、易读的文风、丰富的信息图、珍贵的照片，让孩子们仿佛置身于浩瀚的科学图书馆。小到小学生，大到高中生，这套书会伴随孩子们成长。

目录

原子和元素

原子是元素周期表排列方式的关键。每个原子都有特定的结构，它决定了每个元素的性质和在元素周期表中的位置。

大多数化学教科书和高中化学实验室的墙上会有元素周期表。这张看似简单的表是化学家的“字典”。它用原子序数和原子质量定义了构成宇宙万物的元素。

物质的组成

微小的原子组成了各种各样的物质。这些原子如此之小，以至于科学家们只有使用高倍显微镜才能看到它们。几乎所有的原子都是由更小的粒子（质子、中子和电子）构成的。质子和中子存在于原子中心的原子核中。电子绕着原子核旋转，形成电子壳层。

化学元素是由原子核中质子数相同的原子组成的。一个元素原子的质子数决定了

元素周期表

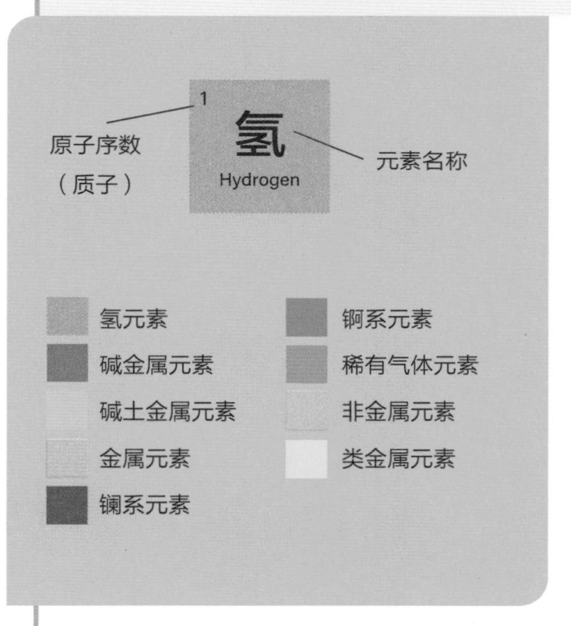

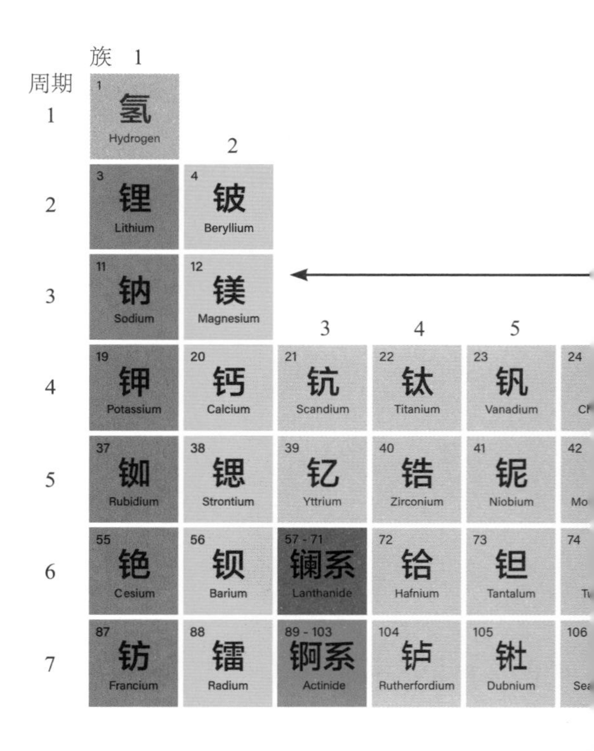

元素周期表按照原子序数的顺序列出了所有已知的元素。元素周期表有7个横行，被称为“周期”；有18个纵列，被称为“族”。每一族的元素都有相似的理化性质。

它的原子序数。例如，氢（H）原子的原子核中只有1个质子，铀（U）原子的原子核中有92个质子，所以，氢元素的原子序数是1，铀元素的原子序数是92。

电子

每个质子都带一个正电荷。中子不带电荷。每个电子都带一个负电荷。因为电子的数量和质子的数量是一样的，正电荷和负电荷相互抵消，所以原子是不显电性的。氢原子有1个电子，而铀原子有92个电子。

电子绕着原子核在电子壳层中旋转，类似于行星绕着太阳旋转。这种对原子结构

科学词汇

原子序数：原子核中质子的数量。

元素符号：表示元素种类的符号，既可表示相应的元素，也可表示此元素的1个原子。

元素：具有相同核电荷数（质子数）的同一类原子的总称。

过渡金属 →

	8	9	10	11	12	13	14	15	16	17	18
											2 氦 Helium
						5 硼 Boron	6 碳 Carbon	7 氮 Nitrogen	8 氧 Oxygen	9 氟 Fluorine	10 氖 Neon
						13 铝 Aluminum	14 硅 Silicon	15 磷 Phosphorus	16 硫 Sulfur	17 氯 Chlorine	18 氩 Argon
ese	26 铁 Iron	27 钴 Cobalt	28 镍 Nickel	29 铜 Copper	30 锌 Zinc	31 镓 Gallium	32 锗 Germanium	33 砷 Arsenic	34 硒 Selenium	35 溴 Bromine	36 氪 Krypton
tium	44 钌 Ruthenium	45 铑 Rhodium	46 钯 Palladium	47 银 Silver	48 镉 Cadmium	49 铟 Indium	50 锡 Tin	51 锑 Antimony	52 碲 Tellurium	53 碘 Iodine	54 氙 Xenon
um	76 锇 Osmium	77 铱 Iridium	78 铂 Platinum	79 金 Gold	80 汞 Mercury	81 铊 Thallium	82 铅 Lead	83 铋 Bismuth	84 钋 Polonium	85 砹 Astatine	86 氡 Radon
um	108 𬭶 Hassium	109 鿏 Meitnerium	110 𫟼 Darmstadtium	111 𬬭 Roentgenium	112 鿔 Copernicium	113 鿭 Nihonium	114 𫓧 Flerovium	115 镆 Moscovium	116 𫟷 Livermorium	117 鿬 Tennessine	118 鿫 Oganesson

hium	62 钐 Samarium	63 铕 Europium	64 钆 Gadolinium	65 铽 Terbium	66 镝 Dysprosium	67 钬 Holmium	68 铒 Erbium	69 铥 Thulium	70 镱 Ytterbium	71 镥 Lutetium
ium	94 钚 Plutonium	95 镅 Americium	96 锔 Curium	97 锫 Berkelium	98 锎 Californium	99 锿 Einsteinium	100 镄 Fermium	101 钔 Mendelevium	102 锘 Nobelium	103 铹 Lawrencium

添加中子

原子总是有相同数量的质子和电子，但是，除了氢原子，其他元素原子的原子核中还有中子。元素周期表中前4种元素分别是氢、氦、锂和铍。

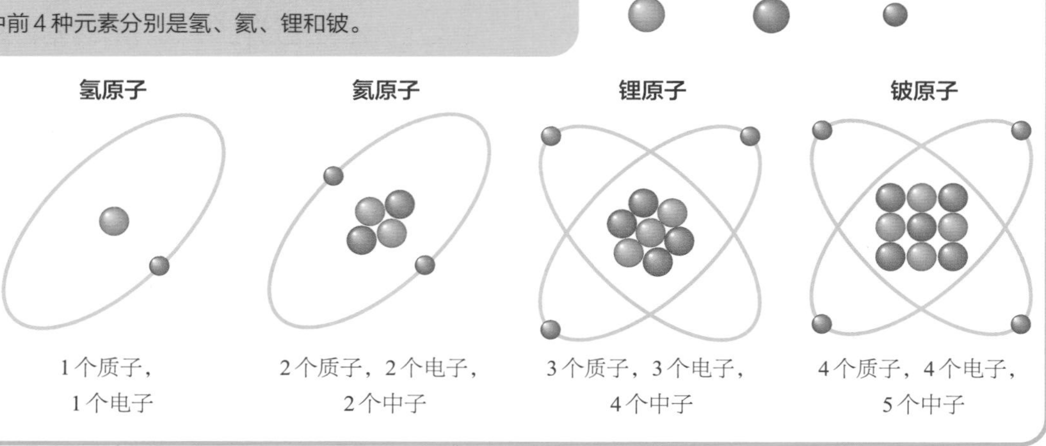

的描述被称为“行星模型”。

电子壳层是一系列的能级，同一电子壳层中的所有电子具有相似的能量。一个原子的电子壳层最多有7层，但每个电子壳层只能容纳有限数量的电子。例如，从里面数第一层最多能容纳2个电子，第二层最多能容纳8个电子，第三层最多能容纳18个电子，第四层最多能容纳32个电子……

形成离子

一个原子可以获得或失去电子从而变成离子。获得或失去电子不会使原子变成另一种元素的原子。离子就是同一原子的一种带电形式。氢原子可以失去电子从而变成氢离子（H^+）。H^+ 中的正号表示氢离子带一个正电荷。

它带这个正电荷是因为带负电荷的电子被移走了，使得原子中只剩下一个带正电荷的质子，因此产生了+1的电荷（带一个正电荷）。

稳定的原子

如果一个原子最外电子壳层的电子数达到该层可以容纳的最大数量，则原子是稳定的。有些元素的原子可以与其他元素的原子共用电子，从而变得稳定。而有些原子可以把电子“送”给其他元素的原子以保持稳

分子和化合物

化合物是由不同的元素通过化学键连接而成的。水是由氧原子和氢原子组合而成的化合物。氢的元素符号是H，氧的元素符号是O，但是水的化学式是H_2O。这表明每个水分子是两个氢原子和一个氧原子结合在一起形成的。

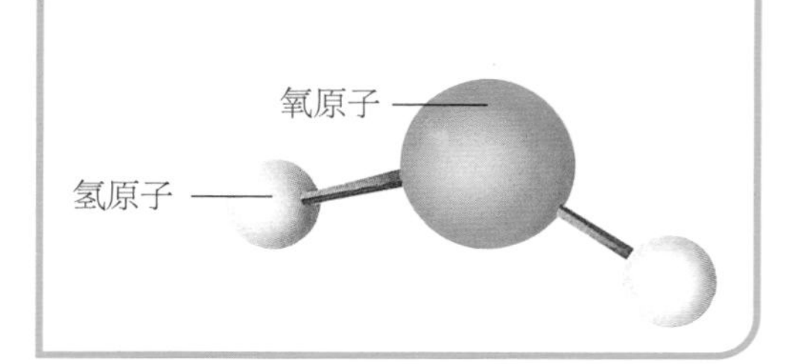

定。共享或转移电子会导致原子之间形成化学键。

同位素

同一元素的原子中的质子数总是相同的，但中子数可能不同。一个碳（C）原子的原子核中总是包含6个质子。大多数碳原子的原子核中有6个中子，但有些碳原子有7个，有些碳原子则有8个。这种质子数相同而中子数不同的原子就被称为“同位素”。

原子核中质子和中子的数目之和被称为“原子质量数”（简称“质量数”）。大多数元素是不同同位素的混合物。由于每种同位素的质量数不同，因此，所有质量数的平均值就是该元素的原子质量。

科学词汇

原子质量：一种元素的同位素所有质量数的平均值。

离子：获得或失去一个或多个电子的原子。失去电子的原子被称为“正离子”，也被称为“阳离子”。获得电子的原子被称为“负离子”，也被称为“阴离子”。

同位素：原子核中中子数不同的同一种元素的原子。

质量数：原子核中质子和中子的数目总和。

分子：由两个或两个以上相同或不同元素的原子通过化学键连接而成的粒子。

同位素

许多原子有同位素，它们原子核中的中子数通常超过质子数。氢元素有3种同位素：氕、氘和氚。氕原子的原子核中没有中子，氘原子的原子核中有1个中子，而氚原子的原子核中有2个中子。碳原子的原子核中通常有6个质子和6个中子，但它的一种同位素有8个中子。这种同位素叫作碳-14，表明它所包含的质子和中子的总数是14。

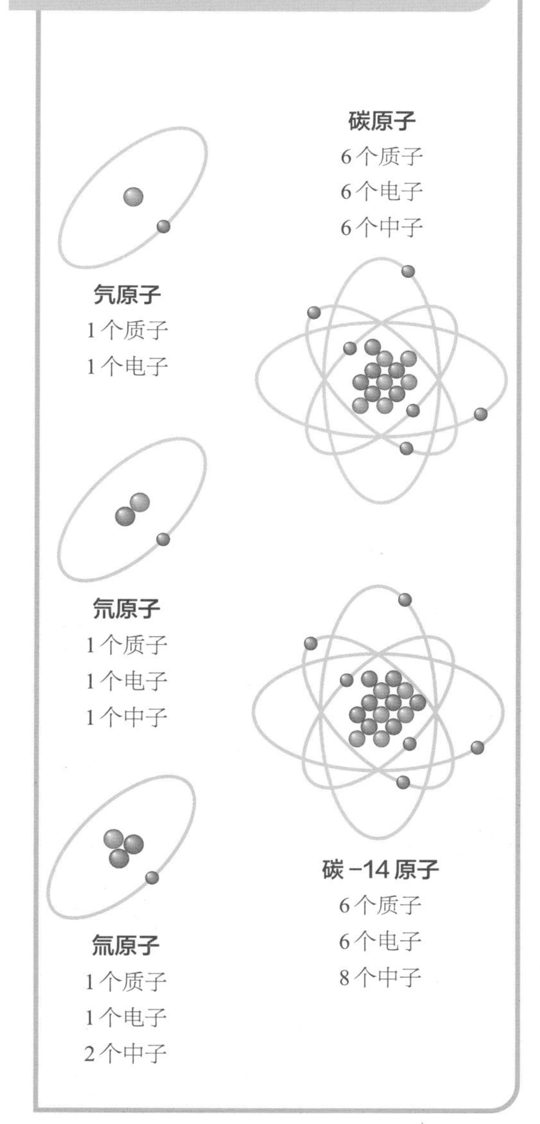

像金、汞和硫这样的元素已经为人所知几千年了，但当时的人们并不知道它们是元素。科学家们现在已经发现了118种元素，未来还可能发现更多的元素。

2000多年前，古希腊学者用原子和元素来描述物质的基本组成部分。米利都的泰勒斯（Thales，约公元前624—约公元前546）认为水是构成宇宙万物的基本物质。赫拉克利特（Heraclitus，公元前540—公元前480）认为火才是构成宇宙万物的基本物质。后来，亚里士多德（Aristotle，公元前384—公元前322）认为每样东西都由四种不同的“元素”混合而成的。这四种“元素”分别是土、水、气和火。然而，当时的古希腊人已经知道了许多元素。金和银是自然界中存在的纯元素。公元前5000年以前的人们就已经在使用这些金属了。碳和硫也为人所熟知，因为它们也是自然界中存在的纯元素。有些金属对人类文明的发展至关重要。在公元前4300年的青铜器时代，人们把铜和锡混合在一起，制造出了一种叫作“青铜”的合金。青铜后来被用来制造工具和武器。铁最早于公元前1400年开始被人们使用，标志着铁器时代的开始。铁比青铜硬，所以用铁制成的工具和武器要坚硬得多。

这个图片代表了古代的四大“元素”：烟花代表火，河流代表水，大地和天空代表土和气。

新发现

大约从13世纪开始，新的元素不断被发现。早期的化学家，也被称为“炼金术士”，为寻找“贤者之石”做了许多实验。他们认为“贤者之石”是一种神秘的物质，可以把铅等便宜的金属变成有价值的金和银。寻找“贤者之石”的工作是徒劳的，但是，炼金术士们在这个过程中发现了许多重要的化合物和一些新元素。砷自古就为人所知，但直到1250年才首次作为一种元素被分离出来。其他的发现还包括1450年锑的发现和1526年锌的发现。

德国炼金术士亨尼格·布兰德（Hennig Brand，约1630—1710）在1669年发现了另一种新元素。他把自己的尿液收集到一个瓶子里，浓缩后得到一种白色发光的固体，他把这种固体命名为磷。几年后，爱尔兰化学家罗伯特·波义耳（Robert Boyle，1627—1691）了解到了布兰德的实验。波义耳意识到，真正的元素是物质，如布兰德的磷，因为磷不能分解为亚里士多德的四种“元素”之一。

18世纪，许多科学家做了大量实验，试图把一些物质分解成更简单的物质。在这

古希腊哲学家亚里士多德认为，世间万物都是由土、气、火、水这四种“元素”组成的。

一个过程中，他们发现了钴、铬、镍和氮等一系列新元素。到18世纪末，科学家们已经发现了大约33种元素。

19世纪早期，英国化学家汉弗莱·戴维（Humphry Davy，1778—1829）发现了一种分解不同物质的新方法。他通过电流将化合物分解成元素，这个过程现在被称为“电解”。就这样，戴维发现了钾、钠、钙和钡。还有一些元素是通过光谱学技术被发现的。光谱学是一种基于物质发出的光谱的特征来研究物质的技术。利用光谱学，科学家们发现了铯、氦和氙等新元素。

19世纪末，科学界又有了两个新的突破。首先是稀有气体的发现。稀有气体有完整的最外电子壳层，而且大部分不具有活性，这就是它们没有早点被发现的原因。英国科学家瑞利勋爵（Lord Rayleigh，1842—1919）和威廉·拉姆齐（William Ramsay，1852—1916）在1894年发现了氩。1898年，拉姆齐又发现了另外三种稀有气体——氪、氖和氙。第二个突破来自波兰出生的科学家玛丽·居里（Marie Curie，1867—1934）和她的丈夫皮埃尔·居里（Pierre Curie，1859—1906）的工作。他们研究了放射性，并于1898年发现了镭和钋，帮助其他科学家发现了更多的新元素。

许多科学家做了重要的工作，帮助创建了元素周期表。一些人因为他们对现代化学的贡献而受到赞扬，而另一些人则在很大程度上被遗忘了。法国化学家安托万-洛朗·拉瓦锡（Antoine-Laurent Lavoisier，1743—1794）在他的《化学初论》（*Elementary Treatise of Chemistry*）一书中提出了第一个元素列表。这个列表包括氢、汞、氧、氮、磷、硫和锌。然而，拉瓦锡犯了一些错误。例如，他把石灰列入了他的元素列表中，但石灰实际上是由钙元素和氧元素组合而成的化合物。

1808年，英国科学家约翰·道尔顿（John Dalton，1766—1844）出版了《化学哲学新体系》（*A New System of Chemi-*

汉弗莱·戴维

汉弗莱·戴维出生于英国康沃尔郡的彭赞斯。他以药剂师学徒的身份开始了自己的职业生涯。1799年，还是实验室助理的戴维发现笑气（一氧化二氮，N_2O）可用于麻醉。

1801年，戴维到皇家研究所工作，在那里，他对电解这门新学科产生了兴趣。通过电解，他发现了钠、钾、钙、硼、镁、氯、锶和钡等元素。他还提出，电解是通过元素的电荷来分离物质的，其中，正离子会进入负极，负离子会进入正极。这一理论促进了碱工业的大规模发展。

汉弗莱·戴维是他那个时代最有影响力的化学家之一，对化学在其他领域的应用，特别是在农业、制革工业和矿物学方面的应用，做出了重大贡献。

cal Philosophy）。道尔顿认为，原子是物质的组成部分，不同元素的原子具有不同的原子质量，然后，不同的元素以精确的数量结合，形成化合物。

德贝莱纳的三元素组

德国化学家约翰·沃尔夫冈·德贝莱纳（Johann Wolfgang Döbereiner，1780—1849）把元素分组，每组三个元素，并称之为“三元素组”。每一组的三个元素都有相似的化学性质。例如，德贝莱纳将锂、钠和钾三种软的、活泼的金属分为一组，他还把三种刺激性的有害元素氯、溴和碘分为一组。除了具有相似的化学性质，每个三元素组中间元素的原子质量均是其他两种元素原子质量之和的一半。1829年，德贝莱纳发表了他的三元素组。1843年，德国化学家利奥波德·格梅林（Leopold Gmelin，1788—1853）在德贝莱纳的三元素组中添加了元素，他将氟添加到氯、溴和碘这一组中，形成了一个四元素组。格梅林还认识到氧、硫、硒和碲有相似的化学性质，所以将它们归类在了一起。

一个新的排列方式

1860年，意大利化学家斯坦尼斯劳·坎尼扎罗（Stanislao Cannizzaro，1826—1910）在德国卡尔斯鲁厄的一次科学会议上公布了已知元素的原子质量。许多科学家参加了那次会议，其中一位是法国的地质学教授亚历山大-埃米尔·贝古耶·德·查库尔图瓦（Alexandre-Emile Béguyer de Chancourtois，1820—1886）。利用阿莫迪欧·阿伏伽德罗（Amedeo Avogadro，1776—1856）发表的原子质量，德·查库尔图瓦提出了最早的元素周期表之一。他把已知的元素按照原子质量的顺序排列，然后把这些元素绕着圆柱体排成螺旋状。他注意到，格梅林的四元素组——氧、硫、硒和碲在螺旋圆柱上处于同一列。德·查库尔图瓦把他的元素排列称为“大地螺旋”，因为碲处于螺旋的中心。

1864年，英国化学家约翰·纽兰兹（John Newlands，1837—1898）根据原子质量的递增顺序列出了已知元素。他发现，按这种顺序排列的元素与它的前八位和后八

约翰·沃尔夫冈·德贝莱纳根据元素的相似性将元素分组，每组三个元素，其中一组包括氯、溴和碘。

科学词汇

化合物： 两种或两种以上的元素形成的单一的、具有特定性质的纯净物。

电解： 电解质溶液或熔融电解质在直流电作用下发生化学反应的过程。

四元素说： 在古代，人们认为宇宙万物是由“土、气、火、水”四种元素构成的。

位元素具有相似的化学性质。他把元素的这种排列模式称为“八音律”，因为它就像乐谱上的八个音符。1866 年，纽兰兹公开了他的“八音律”，但化学家们并没有认真对待他的发现。

被忽视的贡献

对试图排列元素的化学家来说，1864 年是忙碌的一年。首先，英国化学家威廉·奥德林（William Odling，1829—1921）发表了一张关于已知元素原子质量的图表。奥德林并没有把所有已知的元素组织起来，他在图表上留下了一些空白，暗示着还有一些未知的元素。与纽兰兹的“八音律”一样，奥德林的图表也被忽略了，但它的重要性并不比纽兰兹的“八音律”低。

同一年，德国化学家朱利叶斯·洛塔尔·迈耶尔（Julius Lothar Meyer，1830—1895）发表了含有大约 49 种元素的元素表。迈耶尔在他的元素表中按原子价（化合价）列出了元素。原子价描述了一个原子与其他原子化合时的成键能力，其数值等于该原子可能结合的氢原子或氯原子的数目。最终，迈耶尔按照原子质量的顺序修改了这个列表，但是他将原子价相似的元素分在了同一列中。迈耶尔创造了第一个元素周期表，但他花了太长时间才公开他的发现。一位名叫德米特里·伊万诺维奇·门捷列夫（Dmitry Ivanovich Mendeleyev，1834—1907）的年轻的俄国化学家在 1869 年发表了第一份元素周期表。几个月后，迈耶尔才出版了他修订后的元素周期表。

约翰·纽兰兹

纽兰兹于 1837 年 11 月 26 日出生在英国伦敦。他的父亲是苏格兰宗教牧师，母亲是意大利人。纽兰兹在家中跟随父亲学习，1856 年进入皇家化学学院学习。当纽兰兹提出他的“八音律”时，其他科学家认为这项工作毫无意义。当元素周期表最终被认可时，科学家们才意识到纽兰兹是对的。他在 1882 年获得了皇家学会的戴维奖章，于 1898 年死于流感。

光谱学

光谱学是一种鉴别元素的技术。它可以用于分析由某种物质发出的光的波长或其他形式的电磁辐射，如 X 射线、微波或无线电波。所有元素都发出特定波长的电磁辐射，其中许多在可见光谱范围内。最简单的方法是用分光镜收集一种物质发出的光，然后让光通过一个棱镜，棱镜将光折射成不同波长的光。通过测量波长之间的角度，并将它们与每种元素的已知光谱图进行比较，科学家就可以确定这种未知物质的构成。

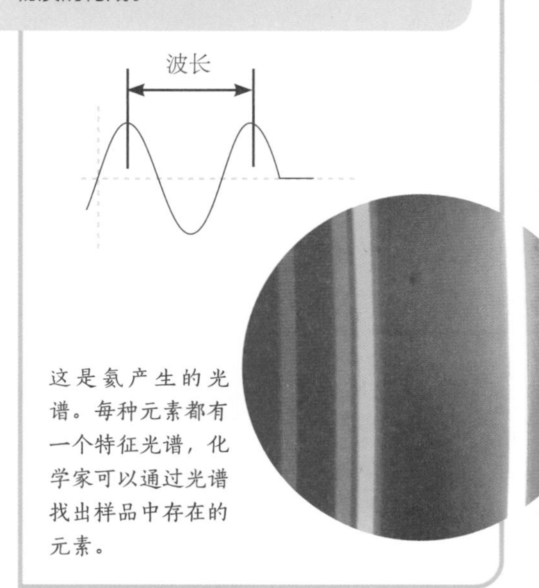

这是氦产生的光谱。每种元素都有一个特征光谱，化学家可以通过光谱找出样品中存在的元素。

非金属

非金属元素有第17族（卤素）、第18族（稀有气体）以及以下元素：氢、碳、氮、氧、磷、硫、硒（按原子序数递增）。

元素周期表中非金属元素比金属元素少得多。然而，就地球上的含量而言，非金属要多于金属。地球的大气层完全由非金属组成，主要是氮气和氧气，还有少量的其他气体。氧元素是地壳中含量最多的元素，约占地壳总重量的一半。非金属，尤其是碳，对所有生物的生存、呼吸和生长都至关重要。没有非金属，人类就无法生存。

物理性质

非金属元素具有一系列物理性质。在常温常压下，大多数非金属是气体，少数是固体，溴是液体。与金属不同的是，大多数非金属的导电和导热性能不好。它们的熔点一般比金属的熔点低。非金属固体也很脆，

非金属元素无处不在。海底的岩石、海洋中的水、潜水罐中的氧气、上升到表面的二氧化碳气泡，以及潜水员的身体，都是由非金属元素组成的。

非金属电子

非金属元素的最外电子壳层有的是不饱和的（如碳），有的是饱和的（如氖）。非金属元素通过与其他非金属元素共用电子或从其他元素那里获得电子而形成各种各样的化合物。以下元素中，只有具有完整最外电子壳层的氖才不会发生化学反应。

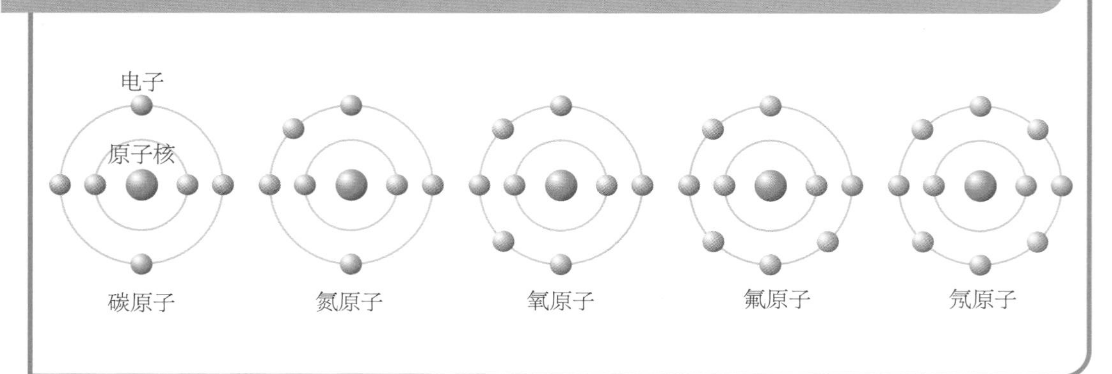

缺乏金属特有的光泽。

化学性质

几乎所有的非金属都是由小的原子组成的，它们的最外电子壳层中有许多电子。稀有气体的最外电子壳层中有8个电子，是饱和的，因此，稀有气体的原子是稳定的。它们不轻易失去电子或与其他元素的原子共用电子。其他非金属元素原子的最外电子壳层至少是半饱和或接近饱和的。在大多数情况下，非金属元素的原子通过接受电子或与其他元素的原子共用电子形成化合物。如果非金属元素原子的最外电子壳层是饱和的，那么这个原子比最外电子壳层不饱和的原子更稳定。非金属元素原子通常接受金属元素原子的电子。这就形成了离子化合物。它们与其他非金属元素原子通过共用电子形成共价键。

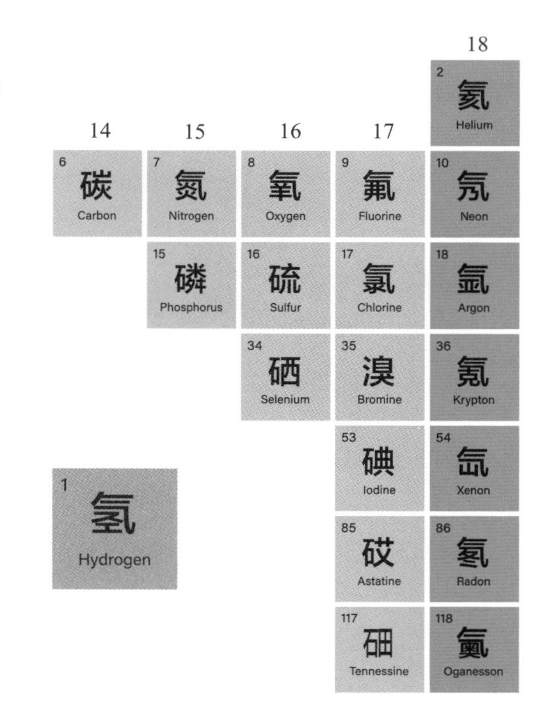

非金属元素主要位于元素周期表的右上方。非金属元素大部分是气体，但有些是固体。氢位于元素周期表左侧第一族的上边，它是气体，也被归为非金属。

氢

氢是宇宙中最常见的元素，在非金属元素中也是独一无二的。氢气是无色、无味的气体。氢原子相对较小，它的最外电子壳层中只有一个电子。在化学反应中，氢原子通常把这个电子“让”给其他元素的原子。在这种情况下，它的反应性质更像金属，而不像非金属。因此，氢通常被放在元素周期表左侧第一族碱金属的上方。与许多气态非金属元素一样，氢在自然界中也是双原子分子（由单键连接的两个原子）。

氢气很容易爆炸。20世纪初，人们曾用氢气作为巨型飞艇的动力来源。然而，由于发生过太多的灾难，所有用氢气作为动力来源的飞艇都停止了服役。如今，氢气被用来制造氨和酸等一系列重要的化学物质，还被用来制造人造黄油。此外，氢气还可以作为一种燃料。

非金属固体

三种非金属元素在正常情况下是固体。它们是碳（第14族）、磷（第15族）和硫（第16族）。这三种元素均可以不同的结构形式存在，被称为“同素异形体”。当一种单质在同一状态下出现两种或两种以上的不同结构时，我们就称其为“同素异形体”。

碳有几种固体同素异形体，包括石墨和金刚石。每种同素异形体都由碳原子的规则排列组成。在金刚石中，这种晶体结构非常稳定。因此，金刚石是已知的自然界中最

闪闪发光的钻石是世界上最昂贵的同素异形体。

坚硬的物质，常用于制作切削工具。它们也被视为珍贵的宝石。

相比之下，石墨晶体的每一层之间可以互相滑动。由于这一特性，石墨有时被用作润滑剂。石墨也可以与黏土混合，用作铅笔的“铅芯”。它也是唯一能导电的非金属。碳还有很多其他的同素异形体，如一种含有18个碳原子的纯碳环（环[18]碳），由IBM和牛津大学的科学家在2019年发现。

磷的两种重要的同素异形体是白磷和红磷。此外，磷还有一种叫作黑磷的同素异形体，但它只能在高压下产生。与碳相似，磷的同素异形体在晶体结构上也有所不同。白磷是化学反应性最强的同素异形体。它是一种蜡状固体，需要储存在油或水下面，以避免与空气中的氧气发生反应。白磷常被用来制造烟雾。红磷比白磷更稳定。它被用来制造安全火柴和烟花。与碳一样，磷也是生物体中的重要元素，尤其是在动物的骨骼和牙齿中以及在植物的光合作用中。光合作用是植物将二氧化碳和水转化为食物的过程。

硫是地球上含量第九的元素。它与有用的金属结合在一起形成矿石。温泉和火山附近的地下经常有纯硫矿床存在。在纯的、未结合的状态下，单质硫为柔软的淡黄色晶体。然而，化学家们已经发现它有八种不同的同素异形体。硫是化学工业中极为重要的元素，可用来制造硫酸，以及洗涤剂、橡胶、炸药、石油和其他产品。

氮和氧

地球大气中大约78%是氮气，21%是氧气。化学工业中使用的大多数氮气和氧气是从空气中提取的。在室温下，氮气是一种无色、无臭、不易发生反应的气体。它有很多用途，比如用来制造氨和硝酸，用来制造染料、炸药和化肥。液氮在工业上被用作制冷剂，例如在制药工业中用它来冷冻医学样品。

与许多非金属元素一样，氮元素也是生物化学的重要组成部分。人体内的许多分子中含有氮元素。人类通过食用植物来获取氮，而植物又从土壤中提取氮。氮进入土壤

科学词汇

同素异形体： 同一元素的不同形式，其中原子排列成不同的结构。

润滑剂： 一种帮助表面相互滑动的物质。

臭氧： 氧的一种同素异形体，三个氧原子结合形成一个分子。

光合作用： 植物利用太阳的能量将二氧化碳和水转化为糖和氧气的化学反应。

的一种方式是，在雷雨天气时，雷暴迫使空气中的氮原子和氧原子发生反应，形成氮氧化物；然后这些氮氧化物被雨水冲到土壤中。土壤中的细菌也能将大气中的氮转化为一种叫作硝酸盐的化合物。硝酸盐随后被植物吸收。

氮气分子和氧气分子通常都是双原子分子。氧也可以以臭氧（O_3）的形式存在，它是由三个氧原子形成的。和氮气一样，氧气也是一种无色无臭的气体。许多物质放置于露天环境中时，会与空气中的氧气发生反应。燃烧指可燃物与氧气进行的快速放热和发光的氧化反应。

恶臭的硫

虽然硫单质是无臭的，但这种元素容易与其他元素形成一些极臭的化合物。硫化氢（H_2S）可能是人们最熟悉的化合物，带有臭鸡蛋的气味。被细菌污染的井或水系统通常会产生硫化氢。油井、火山和一些温泉也会释放出这种气味。硫化氢可能是臭屁的主要成分。

硫也存在于有机化合物中，尤其是被称为“硫醇”的物质中。大蒜、煮卷心菜、口臭和腐肉的气味都是由硫醇造成的。硫醇对像臭鼬这样的动物来说有很大的作用，这些动物会喷射硫醇来警告捕食者。硫醇对人类来说也是有用的。燃气公司在无臭的天然气中添加少量硫醇，这样人们就可以检测到燃气泄漏。并不是所有的硫醇都很难闻。葡萄酒和葡萄柚中的一些香味也是由硫醇产生的。

氧气还可以以液体的形式储存，主要用于炼钢工业。液氧用作火箭燃料。氧气对动物来说是至关重要的，因为它们需要氧气来呼吸。植物通过光合作用产生氧气。

卤素

卤素位于元素周期表的第17族。卤素的物理性质各不相同，在室温下，碘是固体，溴是液体，氟和氯是气体。而下面的这些化学性质是非金属元素所特有的。卤素通常从其他元素的原子那里获得一个电子。它们的化学反应性很强，氟是所有元素中化学反应性最强的。比如，卤素很容易与碱金属发生反应从而形成离子化合物。食盐（氯化

臭鼬的臭味主要来自硫醇，硫醇是一种含硫的有机化合物。

钠）可能是我们最常见的例子。它的化学式是NaCl。

卤素有许多不同的用途。在游泳池中加入氯可以杀死水中的有害细菌。牙膏和饮用水中含有氟，因为它是牙齿和骨骼的“保护伞”。碘是一种深紫色固体，是人类饮食中必需的营养元素。它也经常被用作温和的抗菌剂，用来杀死或抑制皮肤上有害细菌的生长。

谁发现了氧气？

18世纪70年代早期，科学家们试图了解燃烧的原理。许多人认为物质中含有一种叫作“燃素”的物质，当物质燃烧时，其中的燃素会释放到空气中。燃素理论也被用来解释动物如何呼吸和金属如何生锈。1772年，瑞典化学家卡尔·威廉·舍勒（Carl Wilhelm Scheele，1742—1786）加热金属氧化物进行燃烧实验，他发现，一种看不见的气体会使燃烧更剧烈。两年后，英国化学家约瑟夫·普里斯特利（Joseph Priestley，1733—1804）也有了同样的发现。普里斯特利和舍勒都没有意识到他们离真相已经很近了。真相是法国化学家安托万-洛朗·拉瓦锡发现的。拉瓦锡也在法国巴黎进行燃烧实验。他确信燃素理论是错误的。当拉瓦锡听说了普里斯特利的实验结果时，他意识到这种看不见的气体是燃烧的原因。拉瓦锡注意到，这种气体与许多物质形成了酸性化合物。他将这种气体命名为oxygine，这个词来自希腊语，意思是“制酸剂”。拉瓦锡把功劳全揽在自己身上，而舍勒和普里斯特利的贡献被忽略了很多年。

稀有气体

稀有气体元素位于元素周期表的第18族。它们在常温下都是气体，而且它们的沸点都很低。每一种稀有气体元素的最外电子壳层都是满的。稀有气体的原子是稳定的，通常不会与其他元素的原子发生反应。稀有气体在过去被称为“惰性气体”。“惰性”这个词的意思是“完全不反应的”。这意味着稀有气体不与任何其他物质反应。然而，在实验室条件下，科学家已使氙与氟发生了反应。

稀有气体有许多重要用途。氦是一种

灯泡里充满了气体。这些气体中有许多是稀有气体，如氖、氪或氙。卤素也用于许多类型的灯，如轿车和卡车的头灯和雾灯。它们发出耀眼的白光。

游泳池中经常会添加氯或二氧化氯作为消毒剂，以杀死可能潜伏在水中的细菌。

无色、无味的气体。它不活泼，比空气轻，比氢气安全，是给气球和飞艇充气的理想材料。科学家们也对液氦感兴趣，因为它有一些不寻常的特性。它不会沸腾，也不会因温度低而变成固体。医院里用液氦来冷却磁共振成像（MRI）的仪器。

2010年，科学家们开始担心氦的供应会变得短缺。然而，2016年，坦桑尼亚发现了氦气的一种新的天然来源。

氖气照明是稀有气体的另一个有价值的应用。氖气通常被用来制造色彩鲜艳的灯。频闪设备的闪光灯管中经常填充氙。摄影用的手电筒也越来越多地填充氪。在焊接时，人们常用氩气来防止金属氧化。

双原子分子

双原子分子是两个相同的或不同的非金属元素的原子通过共享电子形成共价键而连接在一起组成的分子。在自然界中，有七种非金属以双原子分子的形式存在：氢气（H_2）、氮气（N_2）、氧气（O_2）、氟（F_2）、氯（Cl_2）、溴（Br_2）和碘（I_2）。

地球大气层几乎99%由双原子分子的氧气和氮气组成。双原子分子化合物包括一氧化碳（CO）、氟化氢（HF）和一氧化氮（NO）等。

氢

氢是一种气态元素，位于元素周期表的第一位。所有其他元素都是由它形成的，这个形成过程发生在恒星内部。

宇宙中的许多区域有氢的存在。明亮的蓝色区域是恒星形成区，周围环绕着发出粉红色光的氢气，点缀着两个正在合并的星系。

氢是所有化学元素中最轻的，也是宇宙中最常见的元素。按质量计算，宇宙中大约75%的物质是氢。如果计算实际的原子数量，那么宇宙中超过90%的原子是氢。然而，氢气在地球大气层中的含量却很少，这是因为氢原子很轻，它们会摆脱重力的束缚，飘浮到太空中。尽管氢在地球大气层中很稀有，但它是地球上含量第十丰富的元素。水（H_2O）是氢的最常见来源。其他来源有甲烷（CH_4）和化石燃料中的碳氢化合物。氢的相对原子质量是1.00794。氢是无色、无味的。在标准温度和压强下，氢以气体的形式存在。

在宇宙的大部分地方，氢以等离子体的形式存在，这是一种高能量的物质状态。由于恒星中的压力和温度极高，氢会发生核

科学词汇

原子：元素保留其化学性质不变的最小的独立部分。

元素：具有相同核电荷数（质子数）的同一类原子的总称。

聚变。两个氢原子融合形成一个氦原子。这会释放出大量的能量，并形成光和热。

在32℉（0℃）时，氢的密度为0.08988克/升，是所有元素中最轻的。氢的熔点是-434.5℉（-259.1℃），沸点是-423.2℉（-252.9℃）。因为它的沸点很低，所以单质氢总是以气体的形式出现。

化学性质

氢是元素周期表上的第一种元素。它的原子序数是1，因为它的原子核里有一个质子。氢原子通常由一个质子和一个绕其轨道旋转的电子组成。

质子和电子是组成原子的微小粒子。为了形成稳定的分子，氢元素以两个氢原子结合的形式存在。两个原子结合的这种排列方式使氢分子成为一种双原子分子，这是非金属元素的常见形式。氢是非常活泼的。

兴登堡号

兴登堡号毁灭性的事故诠释了氢气的化学特性和物理特性。兴登堡号是一艘飞艇，于1936年在德国建造。它比3架波音747还要长，是有史以来最大的飞艇。为了能飘浮在空气中，兴登堡号充满了氢气。因为氢气很轻，所以飞艇的升力很大，20万立方米的氢气能举起123.3吨的物体。飞艇由4台柴油发动机提供动力，巡航速度为125千米/时。1937年5月6日，兴登堡号抵达美国，之后在新泽西州的莱克赫斯特海军航空站起火爆炸。火灾的确切原因尚不清楚，但事故凸显了氢气易爆炸的化学性质。

氢

氢是所有元素中最简单的。它只包含一个质子和一个电子。

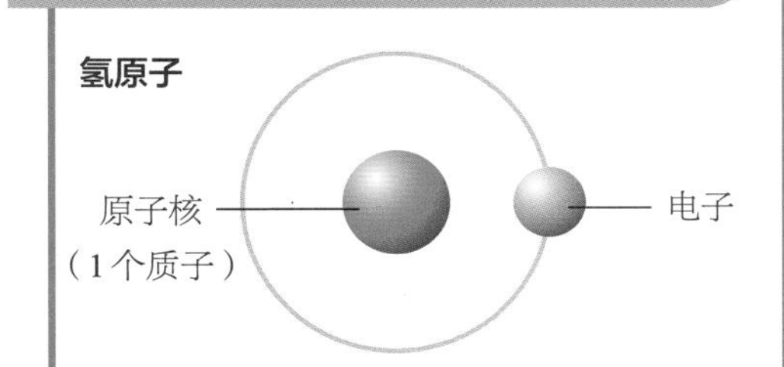

常见的简单含氢化合物是水及甲烷、丁烷等长链碳氢化合物。

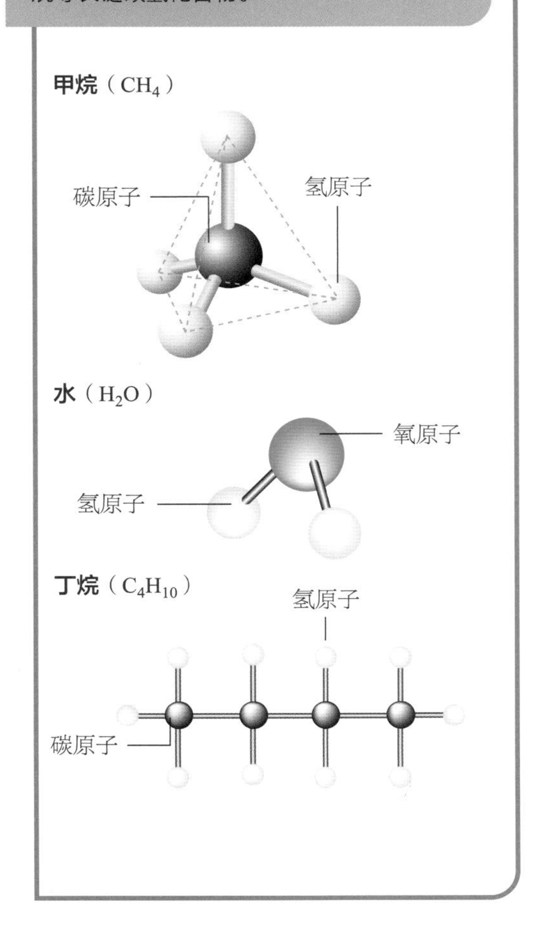

水是地球上最常见的含氢化合物。地球上所有生物的生存都离不开这种简单的化合物。

当被点燃时，它与氧发生剧烈反应形成水。氢也会与空气、卤素和强氧化剂发生剧烈反应，造成火灾和爆炸。氢也很容易与碳反应形成有机化合物（含有大量碳原子和氢原子的复杂物质）。

重要的反应

因为氢化学反应性强而且很常见，所以有很多不同的反应都涉及氢。氢燃烧（与氧气发生反应）生成水，释放出能量。其他涉及氢气的反应往往很剧烈，因为反应会释放出巨大的能量。含氢化合物的反应通常不那么剧烈。碳氢化合物燃烧可以为发动机提供动力。酸与金属反应会释放出氢气。

含氢化合物

在地球上，水可能是最重要的含氢化合物。水对生命至关重要。人体内大约三分之二是水。人体需要水来溶解物质，然后将物质运送到全身。人体内的许多生物化学反应也需要水。植物利用水和二氧化碳产生食物和氧气。

碳氢化合物也是重要的含氢化合物。地球上有数百万种不同的碳氢化合物。最简单的是甲烷。与甲烷不同的是，其他的碳氢化合物是由许多碳原子结合而成的链状化合物。

同位素

大多数氢原子含有一个质子和一个电子。然而，氢还有其他的同位素。同位素是指原子核中质子数相同但中子数不同的一类核素。中子是不带电荷的粒子。氢是唯一一种不同同位素都有不同名字的元素。氢最常见的同位素叫作氕（普通的氢原子）。氘是氢的另一个同位素，由一个质子、一个中子和一个电子组成，约占所有氢原子的0.015%。氘常被用来制造核工业和实验中用到的重水（D_2O）。第三种自然存在的同位素由一个质子、两个中子和一个电子组成，被称为氚，它非常罕见。

实验室制备氢气

在实验室中，制备氢气最常用的方法是用酸或碱与金属反应。根据酸的标准定义，任何能产生氢离子（H^+）的物质都是酸。当向一种酸的水溶液中加入金属（如锌）时，酸与金属会发生反应生成氢气和一种盐，例如锌（Zn）与盐酸（HCl）反应生成氯化锌（$ZnCl_2$）和氢气（H_2）：

$$Zn + 2HCl = ZnCl_2 + H_2$$

根据碱的标准定义，任何能产生氢氧根离子（OH^-）的物质都是碱。水（也是氢氧根离子的来源）和钠（Na）等活性很强的金属反应，会产生氢气和碱（氢氧化钠，NaOH）：

$$2Na + 2H_2O = 2NaOH + H_2$$

工业生产氢气

工业生产氢气主要有两种方法。第一种方法是从碳氢化合物中提取氢，这种方法被称为甲烷蒸汽重整。蒸汽（水蒸气）与甲烷（CH_4）在高温下产生一氧化碳（CO）和氢气。反应也在高压下进行，因此产物氢气已经处于高压下了，可以直接用于工业过程。

甲烷蒸汽重整反应是这样的：

$$CH_4 + H_2O = CO + 3H_2$$

这个反应产生的一氧化碳可以用于另一个反应，以产生更多的氢气：

$$CO + H_2O = CO_2 + H_2$$

电解是生产氢气的另一种主要方法。电流将水分解成氢气和氧气。

通常情况下，氢气是用氯碱工艺生产的——将电流通过氯化钠溶液，便可产生氯气、氢气和氢氧化钠。

氢燃料

与电动汽车一样，氢动力汽车在未来将变得越来越普遍，因为石油最终会枯竭，而且人们对污染和碳排放的担忧也使燃油车无法维持下去。然而，与化石燃料不同的是，地球上并没有氢气。因此，如果需要使用氢气作为燃料，就需要利用能量来制造氢气。但这并不意味着氢气不是一种很好的燃料。氢气可用于驱动火箭进入太空。氢动力汽车的主要优点之一是没有污染物排放。氢燃烧的唯一产物是水。

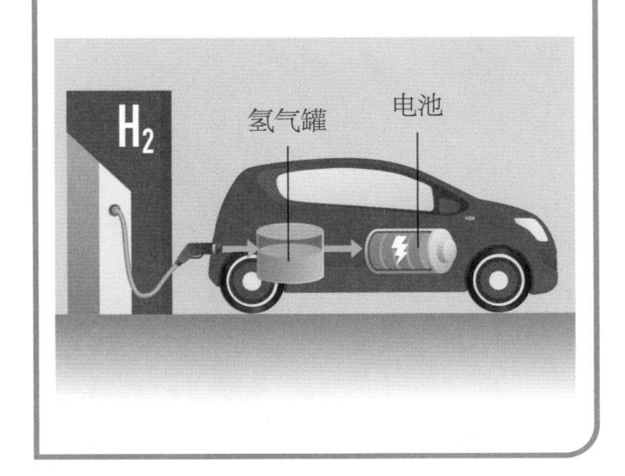

众所周知的是，碳元素可以形成数百万种化合物。含碳化合物是地球上所有生命的基础，碳有许多不同的同素异形体，如极其坚硬的钻石或者柔软的石墨。

碳是一种非金属元素，它的元素符号是C，原子序数是6，相对原子质量是12.0107。它是宇宙中含量第六丰富的元素，也是所有生命的基础。对含碳化合物的研究较多的是有机化学，但这里描述的重点是无机的碳。

物理性质

碳有许多不同的同素异形体，其中一种是石墨。石墨质地柔软，和黏土以一定的比例混合后就可以用于制作铅笔芯。金刚石是碳的另一种完全不同的同素异形体。它是已知的自然界最坚硬的矿物。由于石墨和金刚石的碳原子排列方式不同，所以它们的性质也不同。碳总是以固体的形式存在，它的熔点约为3527℃，沸点约为4027℃。由于熔点和沸点都很高，所以碳在地球上不会以液体或气体的形式存在。然而，在恒星中，它是以液体或气体的形式存在的。

化学性质

碳原子的最外电子壳层可以容纳8个电子，但是其最外电子壳层上只有4个电子，这使碳具有许多特殊的性质。碳需要与其他原子共用电子，形成4个共价键，才能填满最外电子壳层。这些共价键可能是单键、双键，甚至三键。碳是为数不多的能形成4个键的元素之一，也是唯一具有如此多成键方式的元素。碳也可以与另一个碳原子以及许多其他元素结合，这就形成了碳链，这是有机化学的基础。

碳的同素异形体

具有不同分子结构的碳互称同素异形体。除了石墨和金刚石，碳还有许多其他的同素异形体。无定形碳是一种没有晶体结构的同素异形体。常见的无定形碳有煤炭和烟灰。

富勒烯是1985年被发现的碳的同素异形体，以发明家兼建筑师理查德·巴克敏斯特·富勒（Richard Buckminster Fuller，

铅笔芯中含有碳的同素异形体石墨。制作铅笔时，首先要在石墨粉、黏土粉和蜡粉中加入水，使三者混合，然后通过模具挤压成铅笔芯的形状。之后加热使其变得坚硬，最后将其插入木质护套中就形成了铅笔。

碳的结构

碳原子电子壳层的内层有两个电子，外层有4个电子。为了填满它的最外电子壳层，碳原子需要与其他原子形成4个化学键。碳原子核内含有6个质子，碳的原子序数为6。碳原子核中也含有6个中子。中子和质子的质量相加即为碳的原子质量，为12。

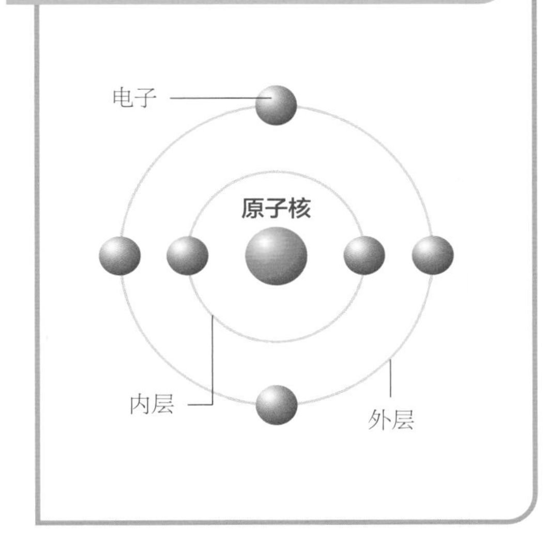

1895—1983）的名字命名。富勒烯是一种完全由微小的空心球体或管状碳原子构成的分子。球形的富勒烯有时被称为“巴基球”，而管状的富勒烯则被称为“碳纳米管”。人类头发的直径约是碳纳米管直径的5万倍。另一种富勒烯同素异形体是聚合钻石纳米棒（aggregated diamond nanorod，ADNR），由压缩石墨或富勒烯制得。它的形状与碳纳米管相似，但结构与钻石相同。聚合钻石纳米棒是目前已知最硬的物质，比钻石还硬。碳纳米泡沫是碳的另一种同素异形体，呈蛛网状，具有分形结构，于1997年被发现。碳纳米泡沫由许多原子团簇构成，每个团簇含有约4000个碳原子。它们

当富含碳的物质燃烧时，碳会以烟的形式释放出来。烟和它留下的烟灰通常被称为“无定形碳”。

像石墨一样以片状连接在一起。碳纳米泡沫的密度只有空气的几倍，而且它的导电性很差，但它会被磁铁吸引。

在有流星撞击的地方，科学家还发现了两种非常罕见的碳同素异形体，分别是朗斯代尔石和紊碳。朗斯代尔石是钻石的同素异形体，它可能是在流星撞击产生超高温度和压力的地方形成的。紊碳是石墨的同素异形体。它首先在德国巴伐利亚州的一个陨石坑中被发现。紊碳比石墨硬，原子排列也与石墨略有不同。然而，并不是所有的科学家都认为紊碳是真正的碳的同素异形体。2019年，研究人员发现了一种结构新颖的碳同素异形体——环[18]碳（见第16页）。

碳的同位素

与其他元素一样，碳也有许多不同的

炼铁

铁矿石除了含有金属铁，还含有许多杂质，如硫和氧。在炼钢之前，必须先除去铁矿石中的这些杂质。为了除去杂质，需要将碳（以焦炭的形式）添加到熔化的铁矿石中。碳可以提供电子，作为还原剂，与杂质结合在一起，从而实现从铁矿石中去除杂质得到金属铁的目标。

高炉

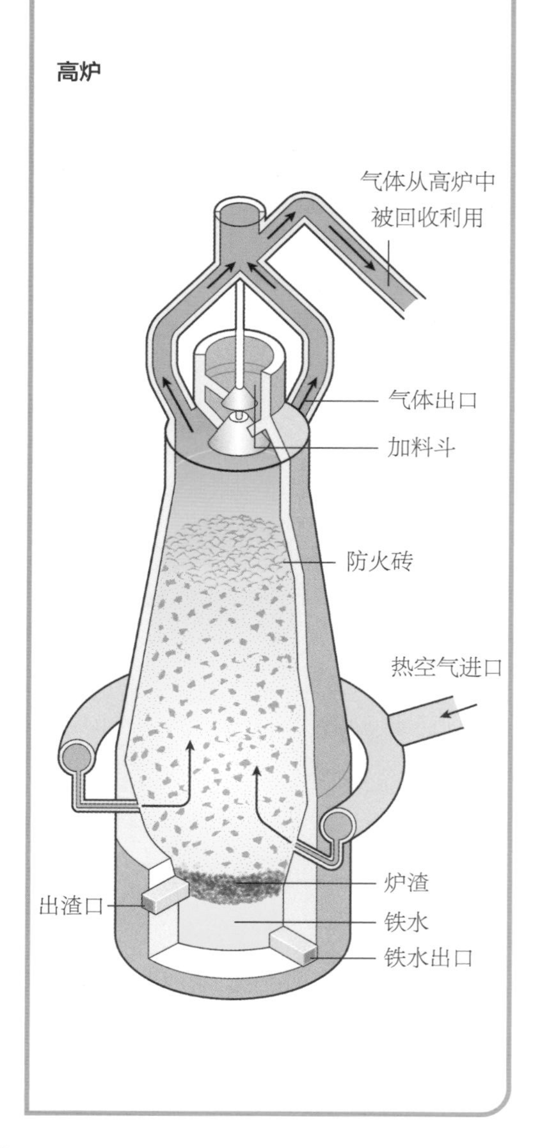

同位素。同位素是指原子核中质子数相同但中子数不同的一类核素。正因如此，同位素的质量数（质子和中子的总和）才不同。大多数碳元素以碳-12（C-12）的形式存在。碳-12非常稳定。它有6个质子和6个中子。碳-12约占全部碳原子的98.9%。含有7个中子的碳-13也是一种稳定的碳同位素，约占全部碳原子的1%。这两种同位素都不会发生放射性衰变。除了碳-12和碳-13，其他的碳同位素都很稀有，而且重要性有限。唯一值得注意的碳同位素是碳-14，即放射性碳。碳-14有8个中子，而且很不稳定。它经过放射性衰变会变成氮-14，其半衰期为5730年。

哪里能找到碳

数百万种不同的化合物中都含有碳。其中绝大多数是有机化合物，如烷烃、烯烃、炔烃等。这些有机化合物对地球上的生命非常重要。石油中含有许多不同的有机化合物。石油是由各种碳氢化合物组成的复杂混合物。碳氢化合物是由碳和氢组成的化合物，以碳为主链。碳氢化合物可以从石油中

位于亚利桑那州的巴林杰陨石坑，是数千年前迪亚波罗峡谷陨石撞击地球时形成的。科学家认为，撞击产生的热量和压力使陨石中产生了微小的朗斯代尔石晶体。

碳的三种主要同素异形体

碳的三种主要同素异形体具有不同的结构。金刚石是一种坚硬的晶体。石墨呈层状结构。富勒烯是空心球或空心管结构的。

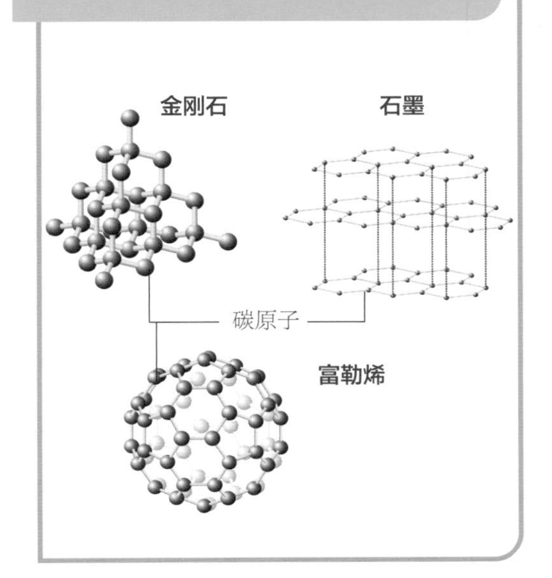

分馏

这张图显示的是一个分馏塔，用于将石油分离成各种组分。首先将石油加热，使其变成蒸气，然后将其输送至分馏塔。石油蒸气在上升途中会逐步液化，冷却，不同的组分会依次凝结并被收集起来。

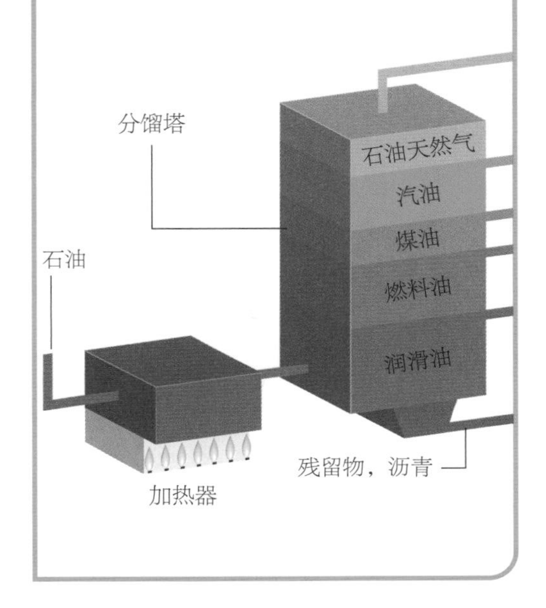

提取出来，制成汽油、柴油以及用于制造塑料的石化产品。有机碳也存在于煤和天然气中。

碳也存在于无机化合物中。例如，美国、俄罗斯、墨西哥和印度都有大量的石墨。钻石产于与古代火山有关的金伯利岩矿物中。南非、纳米比亚、刚果、塞拉利昂和博茨瓦纳富产钻石。

碳也存在于碳酸盐岩（如石灰石、白云石和大理石）中。碳酸盐岩是由温暖的热带海洋中的碳酸盐沉淀形成的。石灰石含有碳酸钙（$CaCO_3$），白云石含有碳酸镁（$MgCO_3$）。大理石是石灰石在高压和高温下形成的。大多数地区有碳酸盐岩，所以，地质构造中含有大量的碳。

共价键

碳原子的最外电子壳层中有4个电子，而碳原子最外电子壳层一般可以容纳8个电子，所以一个碳原子可以再接受4个电子。原子中容易与其他原子相互作用形成化学键的电子，如碳原子最外电子壳层中的这4个电子，就被称为“价电子”。

甲烷（CH_4）是最简单的碳氢化合物。甲烷中的氢原子可以被其他碳原子取代，形成链状。烃链就是这样形成的。碳原子和其他元素的原子之间共享电子，彼此之间形成的键就被称为“共价键”。

电负性相似的元素经常会形成共价键。元素的电负性是衡量其吸引其他电子能力的指标。非金属元素的原子不容易失去电子，所以共用电子是填满它们最外电子壳层的最佳方式。碳可以形成单键、双键或三键。

因为碳与其他几种元素具有相似的电负性，所以它可以形成数百万种不同的化合物。碳原子可以通过连接成链而产生各种各样的化合物。碳-碳键很强而且异常稳定。

碳氢化合物

最简单的含碳化合物是碳氢化合物。烷烃是碳原子之间只有单键的碳氢化合物。常见的烷烃有丙烷（C_3H_8）和丁烷（C_4H_{10}）。当一个碳氢化合物的碳原子之间只有单键时，它含有的氢原子数量最多。因此，烷烃也被称为“饱和烃”。

烯烃的碳原子之间至少有一个双键。炔烃的碳原子之间至少有一个三键。因为烯烃和炔烃含有的氢原子数量并不是最多的，因此它们被称为“不饱和烃”。烯烃和炔烃可以进行氢化反应。这就打破了双键或三键并增加了氢原子，从而将烯烃和炔烃变成了烷烃。碳氢化合物也可以连接成环状，被称为“环烃”。

芳烃

芳烃是一种特殊类型的环烃。它们最初被称为“芳香烃”，是因为它们具有香味，但现在也指它们的稳定性。芳烃是一

碳-12

碳-12是最常见的碳同位素。它比另一种同位素碳-14稳定得多，碳-14会逐渐衰变形成氮-14。

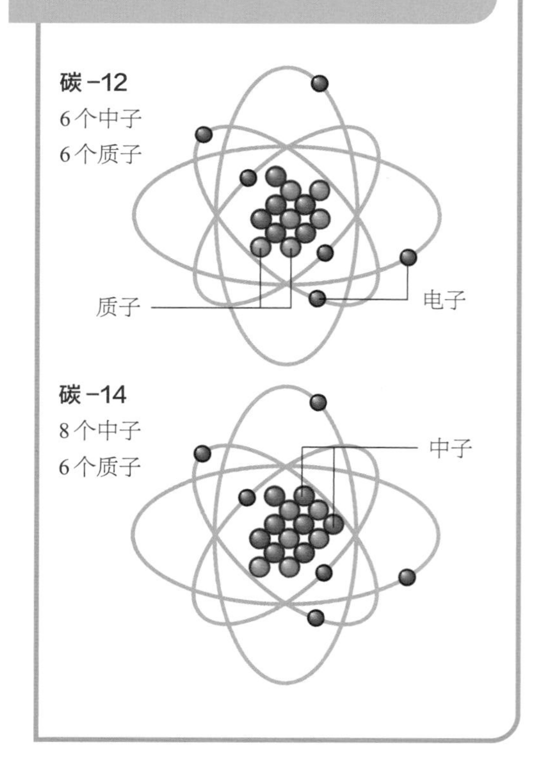

甲烷

甲烷是最简单的碳氢化合物。碳原子的最外电子壳层由4个氢原子的电子填满。当一个氢原子被另一个碳原子取代时，就会产生更复杂的碳氢化合物。

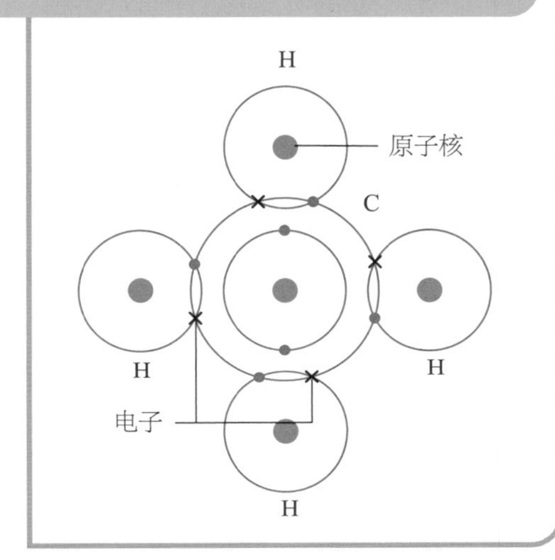

碳键

乙烯是最简单的烯烃。两个碳原子成双键，每个碳原子与两个氢原子成键。

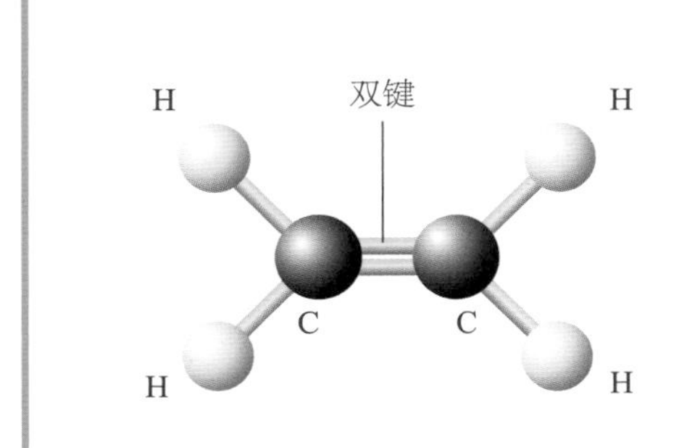

苯被用来制造塑料、橡胶、洗涤剂和染料。它是芳烃中最简单的一种。6个碳原子与6个氢原子成键。

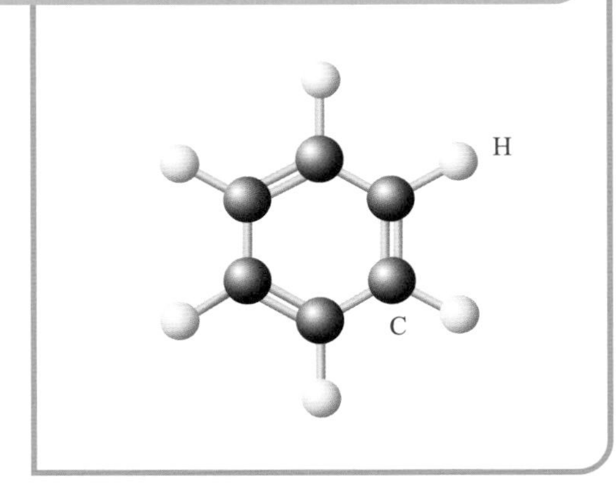

类特殊的碳氢化合物，其结构中含有由6个碳原子组成的环状分子——称为“苯”（C_6H_6）。苯是最简单的芳烃，只有一个环，环上有3个双键，所以有6个氢原子。还有一些芳烃具有多个环，比如萘（$C_{10}H_8$），它有两个稠合环。

无机含碳化合物

并非所有的含碳化合物都属于有机化学的范畴。有些含碳化合物并非来自生物，所以它们被叫作“无机含碳化合物”。另一个区分有机含碳化合物和无机含碳化合物的方法是看碳是否与氢成键。一般来说，所有的氧化物、盐、氰化物、氰酸盐、异氰酸盐、碳酸盐和碳化物都是无机含碳化合物。

碳的氧化物是非常重要的。其中最常见的是二氧化碳（CO_2）。二氧化碳是连接有机和无机含碳化合物的中间物质。人类、植物和动物在分解食物分子时会呼出二氧化碳。植物会吸收二氧化碳，利用太阳的能量将其转化为食物。这是碳循环的一部分。

二氧化碳也是燃烧反应的生成物。碳氢化合物燃烧时，会产生二氧化碳和水，但如果燃烧过程中氧气不足，就会形成碳的另一种氧化物——一氧化碳（CO）。一氧化碳是有害的。在动物体内，它会与血液中的血红蛋白（血液中携带氧气的蛋白质）结合，阻止血红蛋白与氧气结合。一氧化碳的浓度如果足够大，就可能会导致死亡。

当二氧化碳溶于水时，它会形成碳酸（H_2CO_3）：

$$CO_2 + H_2O = H_2CO_3$$

虽然碳酸是弱酸，但是它的酸度足以溶解石灰石（主要成分是碳酸钙，$CaCO_3$）。硫酸钙在地下溶解时就会形成洞穴。碳酸钙会与水中的碳酸发生反应。因为碳酸钙和碳酸都是含碳化合物，这就在溶解的二氧化碳、碳酸盐离子和碳酸氢盐离子之间建立了一个平衡的化学反应（可逆反应）：

$$CaCO_3 + CO_2 + H_2O \rightleftarrows Ca(HCO_3)_2$$

试试这个

化学风化

雨水中的酸引起石灰石的化学风化，石灰石主要由碳酸钙组成。在接下来的实验中，我们用醋（一种弱酸）代替雨水，用粉笔（碳酸钙）代替石灰石来模拟化学风化。

往玻璃杯中倒入半杯醋，再加入一支粉笔，然后观察。

形成的气泡是二氧化碳。酸被碳酸钙中和，并生成二氧化碳。

在石灰岩洞穴中，这种平衡很重要，因为它决定了碳酸钙是被溶解还是会沉淀（再次变得不溶解）。如果水太酸，碳酸钙就会溶解。如果碳酸氢盐离子过多，碳酸钙就会沉淀。这种沉积作用是钟乳石和石笋生长的原因。这种平衡在海水中也很重要，因为它控制了碳酸钙的沉淀，而碳酸钙会变成石灰石。

碳的工业用途

碳是工业中的一个重要元素。炼铁时，加入焦炭可除去铁矿石中的杂质。在高温下，碳与铁结合得到钢。碳的含量决定了钢材的种类。碳含量为 1.5% 的钢可用于制作工具和薄钢板。碳含量为 1% 的钢可用于制造汽车和飞机部件。而用于结构支撑的高强度钢的含碳量约为 0.25%。

天然金刚石和人造金刚石都可以用于研磨和钻取其他材料（它们是磨料）。研磨盘、钻头和研磨粉中都含有金刚石。无定形碳是另一种有工业用途的碳同素异形体。无定形碳通常是由甲烷经过不完全燃烧产生的。这种无定形碳也被称为“炭黑”，在橡胶中用作填充剂和补强剂。

碳的另一种用途是作为活性炭。用氧气处理后，碳原子之间的空隙扩大，从而形成活性炭。活性炭可以吸附或吸收液体和气体中的异味和其他杂质。要被吸附，杂质必须在化学性质上被碳原子所吸引。活性炭的吸附能力非常强，因为它有很大的表面积。1 克活性炭的表面积可达 300 ~ 2000 平方米。

碳在塑料工业中也很重要。用于制造塑料的石化产品来自石油。这些石化产品

印度的泰姬陵是用大理石制成的。大理石是石灰岩的一种形式，是一种含碳岩石。

科学词汇

共价键： 两个或两个以上原子共用电子而形成的化学键。

可逆反应： 同一条件下，既能向生成产物（生成物）方向进行又能向生成反应物方向进行的反应。前者叫正向反应，后者叫逆向反应。

主要是从石油中提取出来的碳氢化合物。碳氢化合物通过聚合来制造不同的塑料。因为它们可以成形或模压成许多不同的形状，所以在日常生活中可以见到许多不同的塑料产品。

碳循环

碳元素在环境中经历着生物地球化学循环（又称“物质循环”）。动物和植物中的所有碳元素都来自环境。生物中碳元素的

死去的动植物一层层堆积在这片沼泽的底部。它们所含的碳最终可能会在数百万年后形成石油和煤炭。

来源是大气。虽然大气中只含有0.038%的二氧化碳，但这一小部分非常重要。

植物利用太阳的能量将二氧化碳和水合成葡萄糖。然后，植物将葡萄糖转化为其他化合物，储存起来供以后使用。这一过程被称为“光合作用”。

当植物被动物吃掉时，储存起来的碳元素就从植物体内转移到了动物身上。动植物也会通过呼吸作用释放储存的能量，并将二氧化碳重新释放到大气中。

动植物死亡后会腐烂，之后碳被直接释放回大气中。但有时，动植物的遗体会很快被掩埋，或者在缺氧的沼泽中腐烂。此时，碳就被束缚住了，不会回到大气中。这些碳可能会被封存在地下数千年甚至数百万年。地质过程、热量和压力可能会把这些被束缚的碳变成石油、煤炭或天然气——它们被称为“化石燃料”。当人们燃烧化石燃料

碳纤维

碳纤维一般是指由碳纤维丝编织而成的碳线或织物。碳纤维是塑料纤维被加热时形成的长链碳。碳纤维丝比钢还坚固。在塑料或环氧树脂中加入碳纤维后，产生的材料会非常坚固，而且重量非常轻。碳纤维被用来制造许多需要很高强度的产品，包括运动器材、汽车零件、工具、船，以及乐器的琴弦。

获取能量时，碳便以二氧化碳的形式重新回到大气中。

化石燃料的形成并不是碳被束缚的唯一方式。大量的二氧化碳溶解在海洋中。一些生活在海洋中的生物将这些二氧化碳转化为碳酸钙来构建它们的外壳。当这些生物死亡时，它们的外壳会沉到海底，只要有足够的时间，这些外壳就会堆积起来，变成石灰岩。这个过程可能会把碳束缚在一起数百万年。之后，侵蚀作用慢慢地将这些碳释放回环境中。

碳循环保持着大气中的碳与生物体、环境中的碳之间的微妙平衡。当燃烧化石燃料时，这种平衡就改变了，但是科学家们还不清楚这种机制是如何运作的。

大气中的二氧化碳

如今，大气中最重要的变化之一是二氧化碳（一种温室气体）含量的增加。化石燃料燃烧时会释放出二氧化碳。一加仑汽油（3.8升）重2.9千克。因为汽油中的碳含量为87%，所以一加仑汽油中约含有2.5千克碳。在燃烧过程中，每个碳原子与大气中的两个氧原子结合形成二氧化碳。但是，两个氧原子的质量是一个碳原子质量的2.67倍。因此，与碳结合的氧的质量约是6.7千克。二氧化碳的总质量是碳的质量加上氧的质量，总共约9.3千克！

氮和磷

氮气是地球大气中含量最多的气体。氮是生命的基本元素。磷也是生物体必不可少的，主要有3种同素异形体：白磷、红磷和黑磷。

氮和磷在元素周期表的第15族中。氮的元素符号为N，其原子序数为7。原子序数是由原子核中的质子数决定的。氮气是一种无味、无色的惰性（不活泼）气体。单质氮是由两个氮原子结合形成的氮分子组成的气体。这种分子叫作双原子分子。氮气的化学式是N_2。按体积计算，氮气约占大气的78%，是宇宙中第五常见的元素。氮也是生物体中的重要元素。常见的含氮化合物有氨（NH_3）、硝酸（HNO_3）、氰化物和氨基酸。

磷的元素符号为P，其原子序数为15，常见于无机（不含碳的）磷酸盐岩石和生物体内。磷的化学反应性很强，所以，在自然界中，磷不以单质的形式存在。当它暴露在氧气中时，它会发出微弱的光，它的名字来自希腊单词“磷”（phosphoros），意思是“光的载体”。磷被广泛用于化肥、炸药、烟花、神经毒剂（化学武器）、杀虫剂、洗涤剂和牙膏的制造中。

同素异形体

磷有3种同素异形体，分别是白磷、红磷和黑磷。白磷和红磷是最常见的形式，都由4个磷原子排列在一个四面体中组成。在白磷中，四面体形成规则的重复的晶体结构。白磷是一种有毒的蜡状固体，闻起来像

地球大气约78%是氮气。

大蒜。白磷在空气中很活泼，易燃。因此，它通常被储存在水中。在红磷中，四面体以链状连接。红磷比白磷危险性小，而且不会自燃。

白磷经高温处理可得到黑磷。黑磷的活性不如白磷或红磷。黑磷为层状网络结构，每个磷原子与另外3个磷原子相连。黑磷没有重要的商业用途。

化学性质

氮和磷是元素周期表第15族的“成员”。该族的其他元素还有砷、锑、铋和镆。第15族的元素随着原子序数的增加而变得越来越金属化。这一趋势反映在它们的结构和化学性质上。在室温下可以与氮反应的唯一元素是锂，二者反应可形成氮化锂（Li_3N）。镁也会与氮直接反应，但只有在被点燃的情况下，反应才会发生。

磷比氮更活泼，它可以与各种金属反应形成磷化物，可以与硫反应形成硫化物，

磷有几种不同的同素异形体，最常见的是白磷和红磷。

也可以与卤素反应形成卤化物。在空气中被点燃时，它会与氧气反应形成氧化物。它也可以与碱和浓硝酸反应。

磷原子

每个磷原子的原子核周围有15个电子。

电子

原子核

最外电子壳层

氮元素的发现

含氮化合物的发现远早于氮元素的发现。硝石（硝酸钠或硝酸钾）可用于制造火药。中国早在9世纪就开始制造火药。后来，硝石被用作肥料。

对中世纪的炼金术士来说，含氮化合物是众所周知的。公元800年左右，中东首次合成硝酸。炼金术士很快发现，硝酸可以与盐酸混合生成能溶解黄金的王水。

氮气是由苏格兰化学家丹尼尔·卢瑟福（Daniel Rutherford，1749—1819）于1772年发现的。其他化学家继续研究他的工作成果，1776年，法国化学家安托万-洛朗·拉

瓦锡认为这种气体是一种元素。

大气中的氮气

氮气约占大气的78%。一些细菌能够将氮气固定成氨及铵离子，从而供植物吸收。闪电也能把氮气转化为氮的氧化物，这些氧化物会溶于雨水，形成亚硝酸根及硝酸根而渗入土壤中。

在大气中，氮气的含量约是氧气的4倍。然而，在地球上，氧的含量大约是氮含量的1万倍。氧是地球的主要组成部分。因为氮无法形成稳定的晶格（规则的重复结构），因此它很少存在于岩石和矿物质中。这就是氮气在大气中的含量比氧气高的原因之一。另一个主要原因是，氧气参与很多化学反应，而氮气在大气中非常稳定。所以，大气中氮气的含量比氧气高得多。

含氮化合物

氮也可以与氧形成几种不同的氧化物。一氧化二氮（N_2O），俗称笑气，是一种麻醉剂。在高压下，烃类化合物在空气中燃烧时会形成一氧化氮（NO）和二氧化氮（NO_2）。在大气中，这些氮氧化物可以形成雾霾。三氧化二氮（N_2O_3）和五氧化二氮（N_2O_5）是另外两种氮氧化合物，它们都不稳定，容易爆炸。

亚硝酸（HNO_2）和硝酸（HNO_3）是两种重要的酸，它们也含有氮。这些酸分别用于制造亚硝酸盐和硝酸盐。硝酸是一种强酸，有许多工业用途。

氮原子

每个氮原子的原子核周围有7个电子。

电子

原子核

最外电子壳层

固氮作用

有些细菌可以吸收氮分子，并通过固氮作用将其转化为蛋白质。许多细菌与植物共生，从而受益。共生关系是指两种不同生物之间所形成的紧密互利关系。细菌生长在豆类、苜蓿和花生等植物的根茎上。这些植物将过量的氮溶解在水中，从而使土壤变得肥沃。

用以下的化学方程式来描述细菌的固氮作用：

$$3CH_2O + 2N_2 + 3H_2O + 4H^+ = 3CO_2 + NH_4^+$$

氨气（NH_3）可能是所有含氮化合物中最重要的一种。氨可以为植物提供营养，它会与有机（含碳）分子结合形成胺。这些胺可以组合成氨基酸，这是一种对生物体至关重要的化合物。它们组成了蛋白质，蛋白质是由氨基酸组成的链状化合物。氮也是其他有机分子的一部分，如酰胺、硝基、亚胺和烯胺。

氮和生物学

氨基酸是一种含氮化合物，是蛋白质的基本组成部分。蛋白质是由氮、碳、氢和氧组成的重要的有机化合物，大多数蛋白质

科学词汇

固氮作用： 指大气中的氮被氧化形成氮氧化物或被还原为氨的过程。

丹尼尔·卢瑟福

苏格兰化学家丹尼尔·卢瑟福发现了氮气。他的老师约瑟夫·布莱克（Joseph Black，1728—1799）当时正在研究二氧化碳。约瑟夫·布莱克观察到，如果蜡烛在倒置的玻璃杯中燃烧，杯子里的水会上升，蜡烛会熄灭。他把这个实验交给了卢瑟福。卢瑟福把一只老鼠关在一个密闭的容器中，直到它因容器中的氧气被消耗完而死去。他再通过燃烧磷来去除容器中其他可以助燃的气体，然后再过滤掉二氧化碳，此时容器中剩余的气体就是氮气。在氮气中，老鼠不可能存活，磷不可能燃烧，火焰也不可能产生。因此，卢瑟福把这种物质命名为减氧空气或燃烧空气。

闪电产生的高温和高压会使大气中的氮与氧结合，产生一氧化氮（NO）和二氧化氮（NO_2）。二氧化氮会溶解在雨水中产生硝酸（HNO_3），植物可以吸收硝酸。

也含有硫。蛋白质在所有生物的结构和功能中都是必不可少的。蛋白质执行许多不同的“任务”。有些是结构性的，例如在细胞中提供结构性支持（细胞骨架）的那些；有些在细胞中储存和运输物质；还有一种叫作酶的蛋白质，可以加速生物体内的化学反应。蛋白质也是饮食的重要组成部分，因为它们是生物体重要的氮源。生物体可以合成许多氨基酸，但也有一些氨基酸可以从食物中获得。科学家已经发现了100多种氨基酸。

氮气的生产

氮气在工业上应用广泛。工业上的氮气生产有3种方法：变压吸附法、扩散分离法和低温蒸馏法。

变压吸附法使用固体材料作为吸附剂，将分子吸附到其表面。在变压吸附法中，压缩空气被强制通过含有不同吸附剂的反应容器。每种吸附剂都对空气中的某些化学物质（如氧气、二氧化碳和氩气）有亲和力（吸引力）。这些气体被除去，便只留下了氮气。

奶酪的蛋白质含量很高。蛋白质是重要的含氮化合物。

扩散分离法是类似的方法。压缩空气被泵入反应容器中，薄膜（片状组织）只允

洛杉矶上空的烟雾是由汽车产生的氮氧化物引起的。这些氮氧化物与阳光反应产生了雾霾。

许某些气体通过。通过这种方法便可过滤掉多余的气体，从而只留下氮气。

变压吸附法和扩散分离法都是常用的方法，但它们产生的氮气中仍含有一些杂质。低温蒸馏法可以生产出超纯氮。

低温蒸馏法需要相当大的能量，但会产生液氮。将空气冷却，除去所有的水蒸气和二氧化碳。然后将空气压缩和冷却，直到空气液化。在之后的蒸馏过程中，液态空气被加热，每一种组成空气的气体会在特定的温度下蒸发掉。然后，每一种气体都可以被单独收集。这种蒸馏过程可以产生液氮、液氧和液氩。在实验室中，将硝酸铜[$Cu(NO_3)_2$]或硝酸钾（KNO_3）加入96%的浓硫酸（H_2SO_4）中，便可以将硝酸（HNO_3）从溶液中蒸馏出来。

液氮

在物理学中，有一门专门研究低温下（包括极低温下）物质物理性质的分支学科，被称为“低温物理学”。低温物理学的研究主要是利用液态气体进行的，液氮是最常用的低温物质。液氮有许多有用的用途。在医学上，它被用来冷冻皮肤，从而治疗皮肤癌和去除皮肤上的疣。它也被用来冷冻人类血液、精子和胚胎。食品工业中也用液氮来快速冷冻。当食物被冷冻时，细菌无法繁殖，因为食物中的氧气被氮气取代了。人们还可以将液氮泵入油井中，以增加井底的压力，迫使石油浮出水面。用液氮还可以使钢硬化——将钢浸入液氮中，可以去除钢结构中的杂质，使其不那么脆。

上图为液氮从烧瓶中倒出来的场景。由于液氮温度非常低，空气中的水滴凝结，从而在烧瓶周围形成了白雾。

肥料

液氨，又称无水氨，即不含水的氨，在世界各地被用作肥料。氨是用哈伯-博施法生产的，德国化学家弗里茨·哈伯（Fritz Haber，1868—1934）和卡尔·博施（Carl Bosch，1874—1940）首次发明了这种工艺，因此该工艺以他们的名字命名。这是第一个利用高压产生化学反应的工业化学过程。使用这种方法，每年可以生产5亿吨以上的肥料。液氨的工业生产消耗了世界上1%的能源，却为世界上40%的人口提供了肥料。

非洲多哥的磷矿开采。磷酸盐一般存在于沉积岩中，开采后它会被加工成肥料。

奥斯特瓦尔德法

工业上用奥斯特瓦尔德法来生产硝酸。1902年，出生于拉脱维亚的德国化学家威廉·奥斯特瓦尔德（Wilhelm Ostwald，1853—1932）为该方法申请了专利，至今人们仍在使用这个方法生产硝酸。这个方法以氨（NH_3）为原料。氨被氧化（与氧结合），产生一氧化氮（NO）和水（H_2O）。铂和铑被用作这个反应的催化剂。该过程的化学方程式如下：

$$4NH_3 + 5O_2 = 4NO + 6H_2O$$

一氧化氮被氧化（与氧气反应），形成二氧化氮（NO_2）：

$$2NO + O_2 = 2NO_2$$

二氧化氮被水吸收，生成稀硝酸（HNO_3）及一氧化氮：

$$3NO_2 + H_2O = 2HNO_3 + NO$$

然后，一氧化氮被循环利用，继续氧化，产生更多的硝酸，这两步合起来的化学方程式为：

$$4NO_2 + O_2 + 2H_2O = 4HNO_3$$

硝酸通过蒸馏浓缩到所需的浓度。整个过程的总产率约为 96%。产率是初始反应物转化为最终生成物的量度。

哈伯–博施法

哈伯–博施法是指通过氮气和氢气的反应生产氨的方法。德国化学家弗里茨·哈伯在 1908 年为这一工艺申请了专利。卡尔·博施扩大了这一工艺的规模，使其在工业上可行。哈伯–博施法可以用于生产液氨、硝酸铵和用作化肥的尿素。

这个过程的反应似乎很简单，而且是可逆的。然而，这个反应需要在 200 个标准大气压下进行，反应温度高达 450℃ ~ 500℃，而且需要催化剂。这个反应的产率只有 10% ~ 20%，反应就会达到平衡状态。但是，只要将生成物移除，加入反应物，反应就会继续进行。当高压氨气被去除时，它冷却后就变成了液体。

磷的发现

德国炼金术士亨尼格·布兰德于 1669

科学词汇

催化剂：催化化学反应的元素或化合物，但其本身并不因反应而改变。

蒸馏：将液体煮沸并使蒸气冷凝，从而纯化它的过程，也指将液体分离为纯物质的方法。

液氨的生产

哈伯–博施法使用氮气和氢气来制造液氨。首先将氮气和氢气混合，然后压缩。加热压缩后的混合物，并通过催化剂加速反应。生成物是氨气（NH_3）、氢气和氮气的混合物。

哈伯–博施法

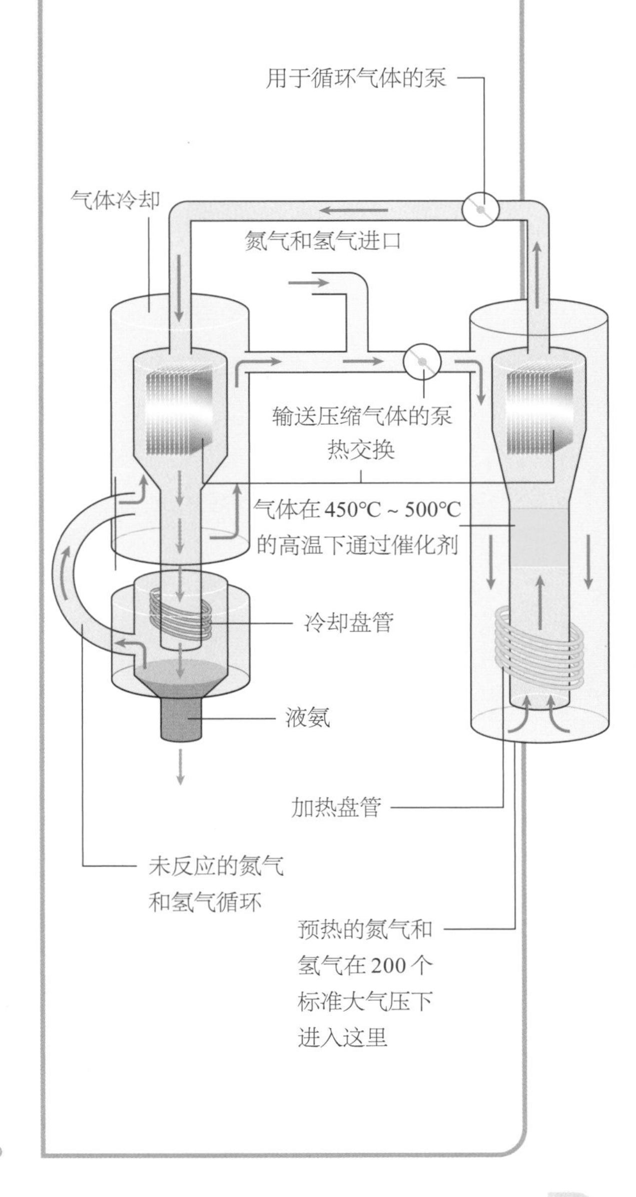

年发现了磷。他从尿液中提取出了磷。人们立即注意到了磷的一个有趣的特性，即磷会发光。

科学家们很快发现，如果把磷放在一个密封的罐子里，它会发光一段时间，然后停止。爱尔兰化学家罗伯特•波义耳观察到，当瓶子里的氧气被消耗殆尽时，磷就不会发光了。人们很快发现，只有在有一定数量的氧气的时候，磷才会发光。氧气太多或太少，磷都不会发光。这种发光的原理直到1974年才得到解释。

物理学家R. J. van Zee和A. U Khan阐明了磷发光的原理。无论是液体磷还是固体磷，在一定数量的氧气存在的情况下，会与氧气反应形成两种少量的短暂存在的分子，即HPO和P_2O_2。这两种分子产生时处于高激发态，而在衰变回基态时就会发出可见光。只要有这种新分子形成，磷就会持续发光。而当氧气被消耗殆尽时，就无法形成这两种分子了，因此磷就会停止发光。

正确地选择肥料

肥料中氮、磷、钾的含量非常重要。选择每一类中含量最高的肥料似乎是最好的，但不同的植物对这3种元素的需要量不同。以下为正确选择肥料的一般指南。

通用肥料：为任何植物提供基本营养，但最适合乔木和灌木。

草坪肥料：通常含有更多的氮，这是草坪健康生长所需要的。

花卉肥料：通常含有更多的磷以促进开花。

蔬菜肥料：通常这3种元素的含量都较高。

含磷化合物

磷与过量的氧一起燃烧时，会形成磷酐（P_4O_{10}）。磷与水反应会形成磷酸（H_3PO_4）。磷酸可以用于制造化肥、洗涤剂、食品香料和药品。工业上采用硫酸加热磷酸钙的方法制备磷酸。

磷酸被用来制造许多磷酸盐化合物，如三重过磷酸钙[($Ca(H_2PO_4)_2 \cdot 2H_2O$)]。磷酸钠（$Na_3PO_4$）可以用作清洁剂和软水剂。磷酸钙[$Ca_3(PO_4)_2$)]常被用来生产发酵粉（$NaHCO_3$）。

磷对生物体也很重要，因为生物体用含磷化合物来储存能量。三磷酸腺苷（ATP，$C_{10}H_{16}N_5O_{13}P_3$）是动植物体内用来输送能量的分子。人体内的ATP含量是有限的，它在不断地被使用和回收。每个ATP分子每天被循环使用2000～3000次。人体每小时产生、处理和回收约1千克的ATP。

磷酸盐的重要性

磷酸盐是3种主要的植物营养素之一。肥料主要用于向植物提供磷。肥料中的磷来自沉积岩中的磷矿层。这些岩石富含磷酸盐，可以被开采、碾碎，然后添加到田地里。使用哈伯-博施法生产肥料已经在很高程度上取代了开采富含磷酸盐的岩石。然而，在一些发展中国家，开采磷矿仍然比哈伯-博施法更具成本效益。

海象的长牙上覆盖着一层坚硬的釉质（珐琅质）。釉质主要由一种叫作磷灰石的复杂分子构成，磷灰石中含有磷。

富营养化

磷是一种重要的植物养分，但在湖泊和河流中常常是限制性营养物质。限制性营养物质是相对于其他营养物质来说供给最少的营养物质。因为肥料和洗涤剂中通常含有含磷化合物，所以从土地上流出的径流中通常也含有磷。当其流到湖泊中时，湖泊中的藻类和植物会因为额外的磷而迅速生长。这可能会导致植物过度生长。当这些植物死亡时，分解植物的过程会消耗大量氧气。水中缺氧被称为“富营养化”。鱼和其他水生生物可能由于富营养化而死亡。

这个排水沟显示了含磷径流的影响。在磷含量异常高的地方，水面上出现了藻类繁盛的现象。

这些砂岩岩层中含有许多矿物。氧是地壳中最常见的元素之一。它是氧化物、磷酸盐、硫酸盐、硅酸盐和碳酸盐矿物的重要组成部分。

氧和硫

氧和硫是生命的基本元素。氧是地球大气中含量第二的元素，它可以与大多数元素形成化合物。在自然界中，硫元素通常以单质的形式存在，硫单质是一种黄色的晶体。硫也可以以硫化物和硫酸盐矿物的形式存在。

氧和硫属于元素周期表的第16族。氧的元素符号为O，其原子序数为8，因为每个氧原子中有8个质子。氧的原子核中还有8个中子，因此它的原子质量为16。氧是地球大气中含量第二的元素，约占地壳质量的46%，约占整个地球质量的28%。氧气（O_2）分子是一种双原子分子，氧气约占大气的21%。植物依靠光合作用产生氧气。光合作用将二氧化碳（CO_2）和水（H_2O）转化为葡萄糖（$C_6H_{12}O_6$），同时释放出副产物氧气。

硫的元素符号为S，原子序数为16。硫的原子核中有16个质子和16个中子，因此其原子质量为32。尽管许多人把硫与臭鸡蛋的气味联系起来，但是实际上硫单质是没有臭味的。臭鸡蛋气味来自硫化氢（H_2S）气体。臭鼬和大蒜等生物也具有特殊的气味，那是因为它们体内含有含硫化合物。硫在其他方面对生物体也很重要。有些氨基酸的结构中含有硫。

氧的同素异形体

氧有两种同素异形体：氧气（O_2）和臭氧（O_3）。这两种单质都存在于大气中，但大气中的氧绝大多数是以氧气的形式存在的。氧气比臭氧更稳定。氧气在大气中到处都是，但臭氧通常只在高海拔地区浓度较高。臭氧可以防止紫外辐射，使生物免受紫外辐射的伤害。闪电和电气设备可以产生臭氧。臭氧是空气污染物之一。

氧的性质

氧原子的最外电子壳层中有6个电子，并且具有很高的电负性，这使得它对自由电子具有很强的吸引力。为了填满最外电子壳层，一个氧原子需要得到两个电子。由于氧原子体积小，很容易形成双键，因此在标准温度和压力下，一个氧原子可以与另一个氧原子结合形成双原子分子——氧气分子。氧也可以与所有其他元素发生反应。当其他元素与氧发生反应时，它们就被氧化了。铁和氧之间的氧化反应会生成氧化铁（铁锈），这是我们最熟悉的反应之一。几乎所有的金属都可以与氧发生反应，生成金属氧化物。

当氧形成化合物时，氧的氧化态是负的，因为它还需要两个电子才能填满最外电子壳层，从而形成氧离子（O^{2-}）。氧也会形成过氧化物。过氧化氢含有O_2^{2-}离子，其中每个氧原子均为-1价。氧能够部分或完全接受电子，可以作为氧化剂。“氧化”这个术语适用于任何容易接受电子的物质，而氧原子很容易接受电子。

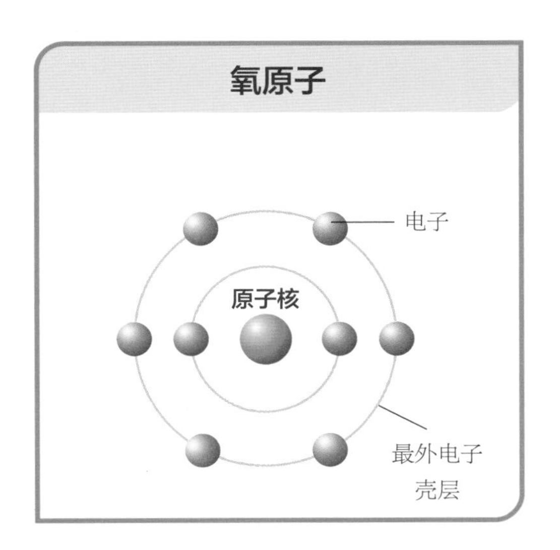

结构

a）在自然状态下，氧以双原子分子的形式存在。

b）硫由8个原子组成，其结构更复杂，像一艘船或一个王冠。

a）
双键
氧原子
b）
硫原子

氧气的发现

大多数人认为，氧气是英国化学家约瑟夫·普里斯特利（Joseph Priestley，1733—1804）在1774年发现的。同年，他发表了他的研究结果。他通过加热氧化汞（HgO）制造氧气。普里斯特利对氧气进行了进一步研究，发现植物也能产生氧气。

然而，瑞典化学家卡尔·威廉·舍勒（Carl Wilhelm Scheele，1742—1786）在1772年就已经发现了氧。舍勒发现，他可以通过加热几种不同的化学物质来产生氧气。然而，直到1777年，他才公布了他的研究成果。

1775年，安托万·拉瓦锡（Antoine Lavoisier，1743—1794）为氧气命名。

在正常条件下，氧气既不与自身反应，也不与氮气反应。在距离地球表面较远的大气中，来自太阳的紫外辐射（高能射线）提供了足够的能量，将氧气（O_2）变成臭氧（O_3）。臭氧能够吸收更多的紫外辐射，并阻止这些射线到达地球表面。氧的化学反应性很强，可以与很多元素发生反应，但它不与水反应。氧气可以溶于水，但是溶解量较小。鱼和其他水生生物通过呼吸从水中摄取氧气。在正常条件下，氧不会与卤素、酸、碱反应。

然而，氧确实能形成许多重要的化合物。常见的含氧化合物之一是水，水的化学式是H_2O。水分子非常稳定，不容易分解成氢和氧。分解水的最佳方法之一是电解。水经过电解后，产生的氢气大约是氧气的两倍。氧也可以与碳结合，形成一种稳定的化合物——二氧化碳（CO_2）。燃烧反应和分解反应会生成二氧化碳。二氧化碳是一种非常稳定的化合物，但是会在植物的光合作用中发生反应。

卡尔·威廉·舍勒

舍勒是瑞典化学家，他发现了氮、钡、氯、锰、钼和钨。他还发现了几种化合物，包括氰化氢、氟化氢、柠檬酸、硫化氢和甘油。舍勒在他的职业生涯中只出版了一本著作。这本著作于1777年出版，主要叙述了氧和氮。舍勒可能因实验而死于汞中毒。

氧的化学反应性

氧与不同的元素反应并形成离子。含氧的离子主要包括氯酸根离子（ClO_3^-）、高氯酸根离子（ClO_4^-）、铬酸根离子（CrO_4^{2-}）、重铬酸根离子（$Cr_2O_7^{2-}$）、高锰酸根离子（MnO_4^-）和硝酸根离子（NO_3^-）等。这些离子大多数是强氧化剂。大多数金属也可以与氧结合形成氧化物。氧化铁

臭氧空洞

臭氧很重要，因为它可以吸收来自太阳的紫外辐射，使生物免受紫外辐射的伤害。一组被称为“氯氟烃”（CFCs）的化学物质可以破坏臭氧层。氯氟烃常用于制冷和冷却系统。然而，如果将它们释放到大气中，它们就会上升到臭氧层并与臭氧层发生反应，使臭氧转化成氧气。科学家发现，南极洲上空的臭氧层出现了一个“空洞”，且这个洞的大小会变化。在2019年，科学家观察到了一些有趣的现象。美国国家航空航天局的科学家报告说，这个洞是“自发现以来最小的”。气候变化在这一现象中扮演着核心角色——温暖的大气导致臭氧空洞缩小。导致臭氧耗竭的化学反应主要发生在极地平流层云层的表面，气候变暖导致这些云层减少。其结果是，2019年臭氧消耗减缓，虽然这是一个好消息，但是气候变化还带来了其他的环境问题。

科学家们在南极洲上空发射了一个气球，用来记录大气中的臭氧含量。

这个螺丝已经生锈了。铁与氧气、水接触时，就会生锈。

通常被称为“铁锈”。金属表面生成其他氧化物的现象被称为“腐蚀”。这些反应是自发的，但它们可能因与金属发生的氧化还原反应而加速。氧也会与含碳化合物反应形成有机化合物，包括醇（*R*-OH）、醛（*R*-CHO）和羧酸（*R*-COOH），其中的*R*表示有机基团。许多有机化合物非常活泼，因为氧很容易“放弃”氢离子。

制备氧气

在实验室里，几乎所有的含氧化合物都可以分解得到氧气。如果只需要获得少量的氧气，分解这个方法是非常实用的。不同化合物的分解温度不同，可以在较低温度下分解的化合物更实用。

电解水也是一种获得氧气的方法，既可以在实验室进行小规模的电解，也可以在工厂进行大规模的电解。但是，大规模的电解需要相当大的电量，所以不常用。获取氧气最有效、最常用的方法是将液态空气进行低温蒸馏——先将空气冷却，除去所有的水蒸气和二氧化碳；然后，使空气经过一系列的压缩和冷却步骤，直到液化；不同的气体先后从液体空气中蒸馏出来。这个过程会产生液态氧、液态氮和液态氩。

硫的历史

人们知道并使用硫黄至少有4000年的历史了。硫黄是一种非常独特的黄色固体，通常存在于活火山和死火山周围。在漫长的时间里，硫黄被用于进行许多宗教仪式和医学治疗。

古希腊人和古罗马人将硫黄用作杀虫

试试这个

生锈

生锈是一种氧化反应——铁与氧气反应生成氧化铁，即铁锈。

1）将一块钢丝棉放入塑料杯中。向杯子里加水，但要确保钢丝棉浮在水面上。如果钢丝棉中有肥皂，应先彻底清洗，去除所有肥皂。

2）将杯子放置一整夜不动，第二天观察杯子的样子。你应该看到钢丝棉由于生锈变红了。你认为这个反应用的氧是从哪里来的？

上图为美国黄石国家公园的大棱镜彩泉。水周围明亮的颜色是由细菌和蓝藻在炎热、富含硫的水中繁殖产生的。

臭氧化

臭氧化是指将臭氧气体在水中鼓泡，从而杀死细菌和其他微生物的水处理工艺。臭氧起强氧化剂的作用，可以杀死细菌和其他微生物。臭氧化处理水是非常有效的，它有一个额外的好处，就是不会像氯那样有味道。此外，臭氧化处理水还可以减少三氯甲烷的形成。三氯甲烷是氯和一些有机分子形成的化合物。一些科学家认为三氯甲烷可能会致癌。

剂，还用它来制造烟火。古罗马人将硫黄与焦油、树脂、沥青和其他可燃物混合在一起，制造可以燃烧的炸弹。9世纪，中国人用它来制造火药。火药的使用从亚洲传到中东，最后传到欧洲。起初，火药被用来制造烟花，但后来被用来制造武器。最初，人们均认为硫是一种化合物，直到1777年，法国化学家安托万·拉瓦锡才最终说服科学界，确定硫是一种元素，而非化合物。

在19世纪80年代末之前，人们通常通过开采地下矿床来获取硫。后来，科学家利用硫熔点较低的特性，发明了弗拉希法——将蒸汽压入硫黄沉积物中，待硫黄熔化后再将硫压出地面。

和氧一样，硫原子的最外电子壳层也有6个电子，但与氧不同的是，硫的最外电子壳层可以容纳8个以上的电子，但它的活性比氧小。硫是许多矿物的重要组成部分，因为它很容易与金属形成硫化物和硫酸盐。

硫可以被氧化为二氧化硫（SO_2）。硫黄在氧气中燃烧时会产生蓝色的火焰。硫在标准温度和压强下为固体。硫单质不溶于水，但会溶于二硫化碳（CS_2）。由于其原子结构的特殊性，硫在成键时既可以接受电子，也可以失去电子。硫的常见化合价是-2、+2、+4和+6。这种可变性使硫可以与大多数元素发生反应，形成稳定的化合物。

含硫化合物

当硫化氢溶于水时，它会形成酸。这种酸会与许多不同的金属反应，形成硫化物。这些金属硫化物储量丰富。

一种是二硫化铁（FeS_2），通常也被称为“二硫化亚铁”，它是黄铁矿的主要成分。二硫化铁具有立方晶体的形状和闪亮的金色光泽。黄铁矿常被误认为是黄金，故它又被称为“愚人金”。还有硫化铅（PbS），它是方铅矿的主要成分。方铅矿晶体曾被用作半导体，用来控制收音机里的电流。

硫还有几种氧化物，它们都可以与水

反应生成酸。这些酸与金属反应形成常见的硫酸盐和亚硫酸盐。硫酸（H_2SO_4），在许多工业化学过程中被使用，如在化肥的生产中。

硫也会形成许多不同的有机化合物。大多数含硫化合物有刺鼻的气味，其中一种是硫醇，它常被加到无味的天然气中，以使其有气味，这样人们就能知道是否有燃气泄漏。臭鼬在遇到危险时也会喷出硫醇以保护自己。葡萄柚、大蒜、洋葱、水煮卷心菜和腐肉中也含有含硫化合物，所以它们会散发出独特的气味。

许多岩石中有黄铁矿晶体。黄铁矿的主要成分是二硫化铁，有时也被称为“愚人金”。

来自空气的能量

液氧是通过将空气低温蒸馏的方法得到的，常被用作火箭发动机的氧化剂，因为火箭发动机必须非常迅速地燃烧大量燃料。氧与氢一起燃烧时，会产生大量的能量，而副产品只是水。纯液氧是淡蓝色的。乔治·华盛顿号航空母舰（USS George Washington）有一个氧气发生器，可以为喷气式飞机提供液氧。

硫酸的制备

硫酸的生产本身就是一个很大的工业。在美国，硫酸的年产量比任何其他工业化学品都多。浓度为98%的浓硫酸是稳定的。在这个浓度下，其酸碱度（pH）约为0.1。硫酸在100%的浓度下是不稳定的。硫酸在工业上是由硫黄、氧气和水制备的。在这个过程的第一阶段，硫黄燃烧产生二氧化硫气体，化学方程式如下：

$$S + O_2 = SO_2$$

然后，二氧化硫在钒氧化物的催化下被氧化成三氧化硫：

$$2SO_2 + O_2 = 2SO_3$$

最后，将三氧化硫与水混合，便可生成浓度为98%的硫酸：

$$SO_3 + H_2O = H_2SO_4$$

虽然硫酸不能燃烧，但它很危险，即使是硫酸的蒸气也会腐蚀金属。

此外，硫酸接触金属时，便会产生氢气，氢气会燃烧。高浓度的硫酸还会灼伤皮肤。硫酸气溶胶可能会灼伤眼睛。

热液喷口

含硫化合物通常存在于火山附近。火山通常有沉积单质硫的喷口。一些火山喷口位于海洋深处靠近裂谷带的地方。这些喷口被称为“热液喷口”，因为它们会释放出含有金属硫化物的过热水。通常，从喷口喷出来的过热水是黑色的，所以这些喷口也被称为“黑烟囱”。随着时间的推移，金属硫化

接触法

1. 燃烧干燥的硫形成二氧化硫（SO_2）气体。**2.** 在大约450℃的温度下，二氧化硫气体与氧气反应生成三氧化硫（SO_3）。**3.** 三氧化硫溶解在浓硫酸中形成发烟硫酸（$H_2S_2O_7$）。**4.** 最后，发烟硫酸与水混合得到硫酸。

用接触法生产硫酸

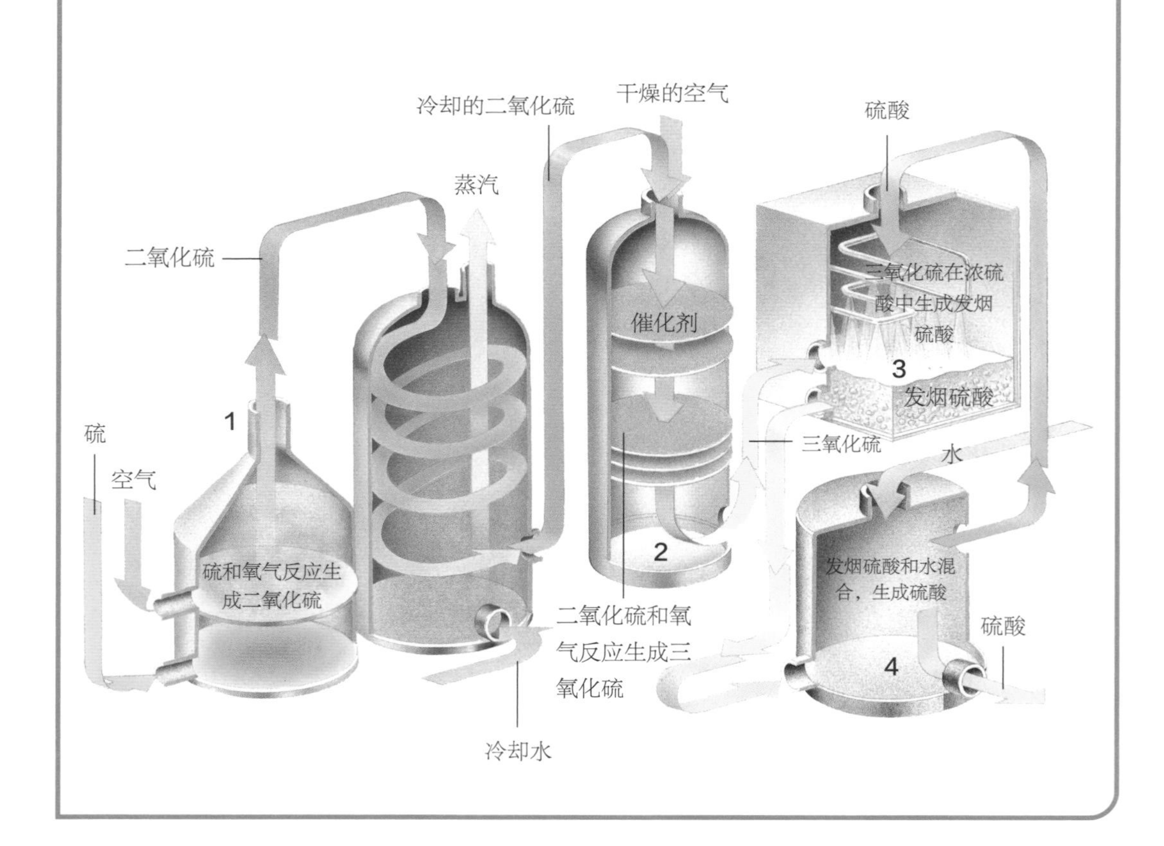

在火山周围可以发现单质硫块，如印度尼西亚东爪哇的这座火山。

物可能会在喷口的周围沉积。

在海洋深处1500米以下，有许多黑烟囱。它们供养着大量的海洋生物，如巨型管虫、蛤蜊和虾。事实上，这是一个完整的生态系统。其他生态系统都依赖太阳，因为太阳能帮助植物进行光合作用。动物以这些植物为食，并将葡萄糖作为食物。然而，阳光无法照射到海洋深处的黑烟囱处。细菌会分解水中的硫化氢，并将其作为生产食物的能量来源。这个过程叫作“化学合成”。科学家们研究这些生态系统，以寻找地球上的生命起源的线索。

硫黄的气味

人们通常将硫黄与臭鸡蛋的气味联系在一起。然而，这种气味并非来自单质硫，而是来自硫化氢（H_2S）。硫化氢存在于石油、火山气体和温泉中。硫醇的气味更臭。臭鼬分泌出的硫醇混合物可驱赶捕食者。硫醇是由碳、氢和硫组成的复杂化合物。碳酸氢钠（小苏打）是一种有效的氧化剂，可将硫醇氧化，以消除臭鼬的恶臭。

大王花有一股腐肉的臭味。这种气味来自硫醇，可以吸引苍蝇授粉。

卤素

卤素是一组活性很强的元素，通常和其他元素结合在一起形成化合物。它们都是有颜色的，有的是气体，有的是液体，有的是固体。

卤素位于元素周期表中第17族，包括氟（F）、氯（Cl）、溴（Br）、碘（I）、砹（At）和鿬（Ts）。卤素（halogens）这个名字来自希腊语，意思是“成盐元素”，表示卤素可以与金属反应形成盐。

物理性质

在未与其他元素结合的情况下，所有卤素的分子都是双原子分子，如F_2、Cl_2、Br_2、I_2和At_2。氟气是浅黄色的气体，氯气是黄绿色的气体。溴是深红棕色液体，会形成红棕色的蒸气。而碘是一种深灰色的固体，加热时会形成紫色的蒸气。砹是一种非常稀有的元素，具有放射性。鿬在室温下是一种固体，除了基础科学研究，还没有其他的用途。卤素单质都是有毒的。

供水系统中添加了氯，以杀死水中的细菌。当自来水到达家中被使用时，氯的含量已经很低了，因此可以安全饮用。

化学性质

卤素可以与大多数金属和非金属反应。所有卤素的活性都很高，因为它们对电子有很强的亲和力（吸引力）。所有卤素的氧化价都是-1价，即它们再获得一个电子就可以填满其最外电子壳层，从而使它们的原子稳定。

常见的卤素

氟是元素周期表中活性最强的元素，氟气是一种腐蚀性很强的气体。氟在地壳中普遍存在，它能形成许多矿物质。萤石（CaF_2）是氟的主要来源。萤石晶体呈立方体结构，颜色鲜艳多变，可以是无色、白色、紫色、蓝色、绿色、黄色或红色。氟和氯可以用于生产制冷剂氯氟烃、氢氟酸，也可以用于生产钢铁和聚四氟乙烯等塑料。

氯是工业中最常用的卤素。氯化钠（NaCl，普通的食盐）是氯的主要天然来源。氯气可以用于水的消毒，含氯化合物可以用作漂白剂。许多杀虫剂中也含有氯元素。

溴和碘在地球上的含量没有氟和氯高，因此它们的工业用途很少。溴可以用来生产杀虫剂、阻燃剂和摄影胶片。

碘是影响人类健康的重要元素。食盐中经常会添加少量的碘，以预防甲状腺肿。

化学反应性

所有卤素的最外电子壳层都有7个电子。它们只需要再获得1个电子，就可以填满最外电子壳层。因此，卤素的化学反应性都非常相似，它们都可以氧化金属（从金属那里夺取电子）形成卤化物。卤素氧化物和氢化物在水中形成酸。电负性可以用来衡量原子在形成化学键时吸引电子能力的强弱，氟是所有元素中电负性最强的。一般来说，从氟到碘，电负性和氧化能力逐渐变弱。元素的电负性越弱，形成共价化合物的可能性就越大。

所以，氟化铝（AlF_3）是离子化合物（带正电荷或负电荷的原子被称为“离子”），而氯化铝（$AlCl_3$）是共价化合物。

氟由于其原子和离子的体积很小而表

卤素原子

原子越大，原子核对最外电子壳层上电子的吸引力越小，它们与其他原子形成共价键的可能性就越大。

氟原子

原子核

电子

最外电子壳层

氯原子

溴原子

碘原子

砹原子

卤素灯

卤素灯很亮。它们使用由金属和卤素形成的卤化物，产生一种类似日光的明亮白光。卤素灯在石英玻璃外壳内有一根钨丝。当灯打开时，钨丝开始汽化，蒸气与外壳中的卤素发生反应。卤化钨沉积在灯丝上。这个过程使灯丝和灯有更长的使用寿命。

因为卤素灯可以发出非常明亮的光，所以它们的体积比传统灯泡要小。

现出一些特性。几个氟原子可以围绕在一个不同的原子周围，就像在六氟化铝（AlF_6）和四氯化铝（$AlCl_4$）中一样。与其他卤素的键相比，氟-氟键非常弱，氟原子的体积很小，所以未成键的电子对离得更近，而电子的斥力削弱了氟-氟键的作用力。

氢氟酸

氢氟酸（HF）非常活泼，会腐蚀玻璃。因此，氢氟酸必须被储存在聚乙烯或聚四氟乙烯容器中。氢氟酸处理起来也很危险。它很容易穿透皮肤并破坏底层组织。氢氟酸也可以和骨头中的钙反应。氢氟酸在半导体工业中被广泛用于去除硅中的氧化物。

周期性规律

卤素的原子半径随着原子序数的增加而增加。卤素原子最外电子壳层的电子被原子核上的7个正电荷所吸引。原子核上的正电荷被内层电子的负电荷所抵消。因此，电子壳层的内部层数是影响原子大小的唯一因素。

电负性可以用来衡量原子吸引电子成键的能力。电负性最强的元素是氟。氢原子和卤素之间的成键电子对都被氟原子的原子核和氯原子的原子核上的7个正电荷所吸引。但是，成键电子对离氟原子核更近，所以氟的电负性比氯的强。随着卤素原子半径变大，成键电子对离卤素原子核越来越远，原子核对成键电子对的吸引力越来越弱，所以电负性就会越来越低。

电子亲和势是指一个电子被吸引到一个气态原子或分子的原子核上时所释放的能量。引力越大，电子亲和势就越高。卤素的电子亲和势呈逐渐下降的趋势。随着原子变大，新进入的电子离原子核越来越远，所以原子核对电子的吸引力也越来越小了。因此，这一族的元素从上到下，电子亲和势逐渐下降。但是因为氟原子很小，现有的电子都靠得很近，所以它们产生的斥力特别大，

聚四氟乙烯是一种含卤素的塑料，可以用作锅的涂层，防止食物在烹饪时粘在锅上。聚四氟乙烯耐高温，但如果锅的表面受损，它就会失去防粘的效果。

这削弱了来自原子核的吸引力，从而使氟的电子亲和势低于氯。

卤素的发现

萤石（主要成分是氟化钙，CaF_2）首次被发现于1530年。它可以用于金属冶炼。许多早期的化学家对氢氟酸进行了实验，氢氟酸是浓硫酸和萤石起反应得到的。当时的化学家已知氢氟酸中含有一种新的元素，但由于它的化学反应性很高，因此无法将其分离出来。1886年，法国化学家亨利·莫瓦桑（Henri Moissan，1852—1907）分离出了氟。1906年，他因这个发现而被授予了诺贝尔化学奖。

瑞典化学家卡尔·威廉·舍勒在1774年发现了氯，但他误以为它是氧。英国化学家汉弗莱·戴维最终在1810年分离出了氯。

安托万·巴拉德（Antoine Balard，1802—1876）于1826年发现了溴。他从法国的盐沼土壤中提取出了溴。约瑟夫-路易斯·盖-吕萨克（Joseph-Louis Gay-Lussac，1778—1850）提出了这个名字（来自希腊语bromos，意为“恶臭”），因为溴蒸气具有强烈的气味。

氟化钙（CaF_2）以矿物萤石的形式存在于自然界。它是氟的主要来源之一。

伯纳·库尔图瓦（Barnard Courtois，1777—1838）于1811年首次发现了碘。他

漂白剂

家用漂白剂是次氯酸钠（NaOCl）的稀溶液。漂白剂广泛应用于许多不同的行业。它能清除表面的微生物、细菌和病毒，还可为食品加工设备、医院设备、游泳池消毒。工业上通常将其加入冷却水中，以防止管道中有细菌和藻类生长。次氯酸钠用于采矿，以回收贵金属。在造纸时，次氯酸钠被用来漂白木浆。

洗衣房经常用漂白剂来清洗衣服。使用少量的漂白剂会使白色的衣服更白，使用大量的漂白剂会使有颜色的衣服变白。

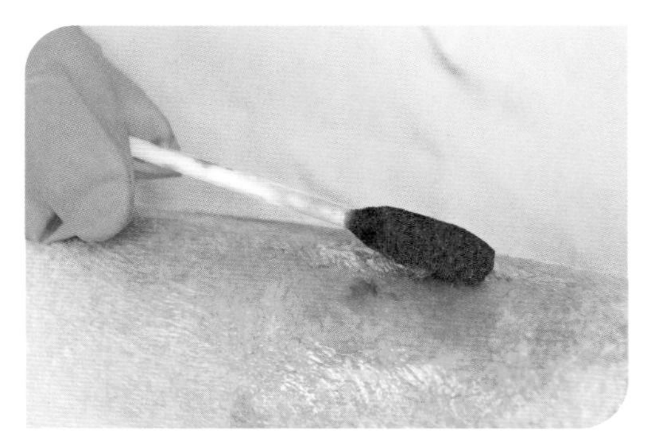

通常用碘拭子擦拭伤口，以杀死可能存在于皮肤上的细菌。擦拭后，皮肤上会留下黄色污渍。

试图用浓硫酸从海藻灰中提取硝酸钾，却不小心加了太多的酸。他注意到散发出了紫色的蒸气，蒸气在冷凝后结晶形成晶体。他把晶体样品分别送到盖-吕萨克和戴维那里检测。他们各自鉴别出这种物质是一种新的元素，出检测结果的时间只间隔了几天。他们争论到底是谁首先将其认定为一种新元素的，但他们一致同意是库尔图瓦发现了它。

卤素用作氧化剂

氧化剂可以获得电子。元素越容易获得电子，其氧化性就越强。因为卤素很容易获得电子，所以它们都是强氧化剂。卤素的氧化性按从强到弱的顺序排列为 F_2、Cl_2、Br_2、I_2。氟与有机化合物接触容易爆炸，在使用特殊设施的情况下才能操作。

最常用的卤素是氯和溴。氯气可以用来生产漂白剂，次氯酸钠是一种常见的家用漂白剂。溴气是一种易挥发的红棕色腐蚀性液体，会产生棕色烟雾。

氯胺

氯胺是含有氮、氢和氯的化合物。有时，含氯家用清洁剂与其他清洁剂中的氨混合时，会发生反应，产生氯胺气体。接触氯胺会刺激眼睛、鼻子、喉咙和气管，使人出现流泪、流鼻涕、喉咙痛、咳嗽和胸部充血等症状。吸入氯胺后可能出现这些症状，并可能持续24小时。室内游泳池的特有气味就是氯胺造成的，但是游泳池中的氯胺含量较少，一般来说是安全的。

卤素化合物

氢氟酸和次氯酸钠有许多重要的工业用途，但它们不是唯一有用的卤素化合物。氟非常活泼，能形成许多化合物。氟离子可以与大多数金属形成氟化物。氟化物有许多工业用途，如生产铀和塑料，以及用于保护牙齿的牙膏。和有机物结合后，氟会形成有机含氟化合物，这些有机含氟化合物可以用在空调和制冷设备中。和氟一样，氯也很活泼，可以形成许多不同的含氯化合物。

含氯化合物可以形成氯化物（Cl^-）、氯酸盐（ClO_3^-）、亚氯酸盐（ClO_2^-）、次氯

左边较小的建筑管道是PVC（聚氯乙烯）。包括PVC在内的一些塑料中都含有氯原子。

秃鹰因为卤代烃杀虫剂的使用而濒临灭绝，因为这些杀虫剂会残留在食物链中。

酸盐（ClO^-）和高氯酸盐（ClO_4^-）。盐酸（HCl）在工业上用途广泛。含氯化合物也可用作氧化剂。氧化剂的一个常见用途是用作漂白剂。氯也能与有机分子结合形成化合物。这些有机氯化物包括大多数杀虫剂和一些生化武器。

溴形成的盐叫作“溴酸盐”（BrO_3^-）。溴酸盐是强氧化剂，常用在烟花中。在使用臭氧作为消毒剂的水中，如果含有溴化物，水中会形成溴酸盐。溴酸盐是致癌物。溴与有机化合物反应生成有机溴化物。碘形成的盐是碘化物（I^-）和碘酸盐（IO_3^-）。碘对人类很重要，人体可以从食物中获得碘。含碘化合物可用于制造感光胶片，也可用于制造清洗伤口或手术前用的抗菌剂。碘也可以与有机化合物反应形成有机碘化物。

卤代烃

含卤素的有机化合物被称为“卤代烃”。卤代烃由一个或多个碳原子与一个或多个卤原子以共价键的形式连接而成。卤素化合物与有机化合物发生反应时，会自然产

科学词汇

离子：通过失去或获得外层电子而带上电荷的原子或分子。

氧化剂：从另一物质中夺走电子使自己最外电子壳层稳定的物质。

生一些卤代烃。然而，这些反应产生的卤代烃量非常小。卤代烃的合成始于19世纪初。今天，卤代烃被用于许多不同的产品中和许多不同的工业过程中。

卤代烃可以用作溶剂、黏合剂、杀虫剂、制冷剂、耐火油、密封剂、电绝缘涂料、增塑剂和塑料。卤代烃被广泛使用，是因为它们非常稳定和有效。卤代烃通常不受酸或碱的影响，不易燃，且能抵抗细菌和霉菌的攻击。它们还能抵抗阳光的腐蚀。然而，这些使它们非常有用的性质也会产生问题。

卤代烃对环境的影响是持久的。卤代烃污染是一个可怕的问题。因为卤代烃是稳定的，它们需要很长时间才能分解，并易于在环境中积聚。为了避免这种积聚，工业中已经减少使用卤代烃了，而卤代烃的处理和处置也得到了更好的监管。

卤素和健康

含氟化合物经常被添加到牙膏、漱口水和饮用水中，以使牙齿坚固和防止蛀牙。大多数水源中含有天然的氟化物，但在一些地方，需要人为向水中添加氟化物。氯化物在人体中也很重要。它们约占人体总重量的0.15%。氯帮助身体维持体液中钠离子和钾离子的浓度。氯化物在胃里产生盐酸来帮助人体消化。人体很少缺乏氯化物，因为许多不同的食物中都含有氯化物。

用加了氟化钠的牙膏刷牙，可以使牙齿坚固。

氯气

氯气是有毒的，应避免使用。许多家用清洁剂中含有次氯酸盐漂白剂，使用时要小心。漂白剂和含有漂白剂的清洁剂绝不能与酸混合。这样做会释放氯气。氯气会刺激黏膜，并可能引起其他医学问题，如肺水肿（肺内积液）。使用任何家居清洁产品时，请阅读警告标签并按照说明操作。

微量的碘对人体也非常重要。碘约占人体总重量的0.00004%。甲状腺用碘产生甲状腺素和三碘酪氨酸。这些激素影响人的生长发育和身体的代谢率。为了保证人们摄取足够的碘，食盐中通常会加碘。微量的碘就可以满足人体的需要。

实验室制备

由于卤素非常有用，所以它们必须在实验室里大量制备。卤素也很难少量生产，因为它们非常活泼。有一些有趣的方法可以用来制备卤素。1986年，即氟被发现100年后，卡尔·克里斯特（Karl Christe，1936年出生）发现了一种制备氟的新方法。将无水氢氟酸（HF）、氟锰钾（K_2MnF_6）和氟化锑（SbF_3）混合，加热至150℃，便会发生反应生成氟气。这种方法不适合工业生产，但它不像亨利•莫瓦桑的方法那样需要电解。向氯酸钠溶液中加入浓盐酸可产生氯气。氯气也可以用其他更复杂的反应来制备。

工业制备

工业上仍然使用莫瓦桑的方法生产氟。这个过程涉及电解无水氢氟酸，还需要加入氢氟化钾（KHF_2）。

氯是被广泛使用的卤素之一。有几种方法可以用于工业生产氯气。最常见的方法是离子膜电解法或氯碱工艺。之所以使用这种方法，是因为它能产生3种有用的工业产品：氯气、氢气和氢氧化钠。

本方法的总反应为：

$$2NaCl + 2H_2O = Cl_2 + H_2 + 2NaOH$$

该反应发生在反应池中，氯气在阳极形成，氢氧化钠和氢气在阴极形成。这一方法非常实用，被用来大量生产这3种产品。

赫伯特•亨利•道（Herbert Henry Dow，1866—1930）发现了从卤水沉积物中回收元素溴的电解方法。卤水（盐水）矿床常与石油一起形成。有的卤水中的含溴化合物含量很高。电解卤水产生的溴，可用于生产商业含溴化合物。

氯碱工艺

下图显示氯碱工艺制氯的过程。该工艺的原理是让电流通过盐水。氢气和氢氧化钠也可以用这种方法生产。

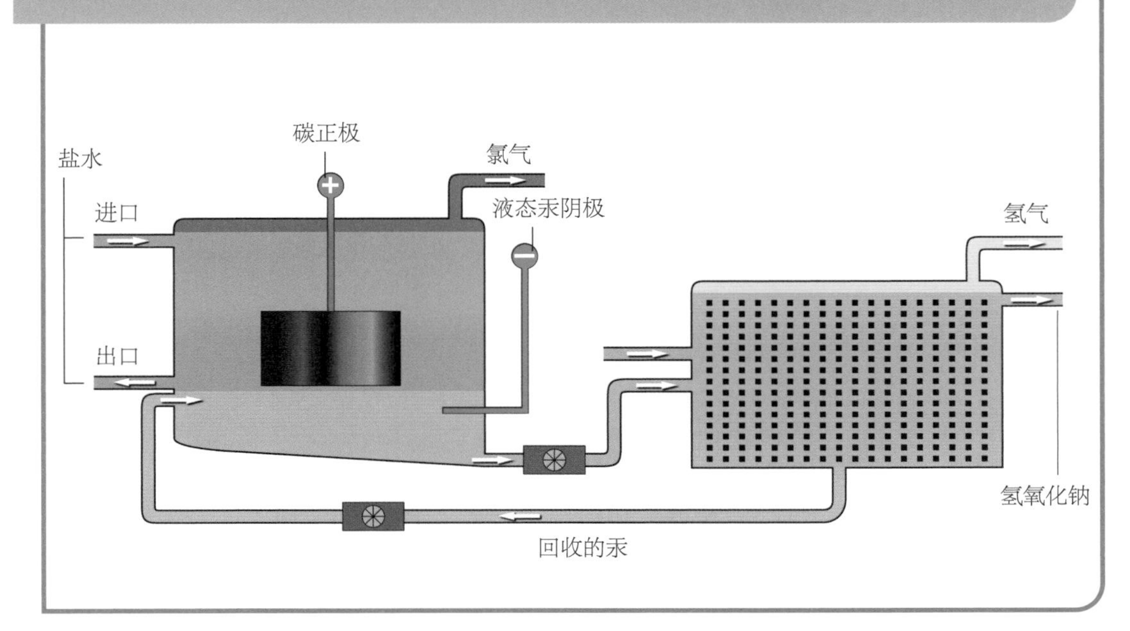

稀有气体

元素周期表中只有一族是完全由气体组成的。这一族被称为“稀有气体”，也被称为“贵族气体”，因为它们很难与任何其他物质反应。

稀有气体是元素周期表第18族的化学元素，包括氦（He）、氖（Ne）、氩（Ar）、氪（Kr）、氙（Xe）、氡（Rn）和氮（Og）。这一族的元素是所有元素中活性最弱的。它们不活跃的原因是它们的原子有一个完整的最外电子壳层，这使它们非常稳定。

所有的稀有气体都是单原子分子。它们在低温下就可以沸腾，这是因为原子之间的作用力很微弱。也正因如此，在标准温度和压力下，这一族的所有成员都是气体。氦的沸点约为-268℃，所以它是所有物质中沸点最低的。

化学性质

这一族的所有元素最初被称为“惰性气体”，因为人们认为它们不会形成化合物。1962年，科学家首次合成了这些元素的化合物。氦、氖和氩还没有形成已知的化合物。氪与氟会反应形成无色的固体二氟化氪（KrF_2）。氙、氧和氟会形成各种各样的化合物。事实上，目前已知的这些元素的化合物至少有80种。

稀有气体的发现

氩气是第一个被发现的稀有气体。英国科学家瑞利勋爵和威廉·拉姆齐在1894年的一项实验中发现了氩气。在实验中，他

稀有气体原子

7种稀有气体是最不活泼的元素，因为它们有完整的最外电子壳层（包含8个电子）。它们不需要通过获得或失去电子来变得稳定。

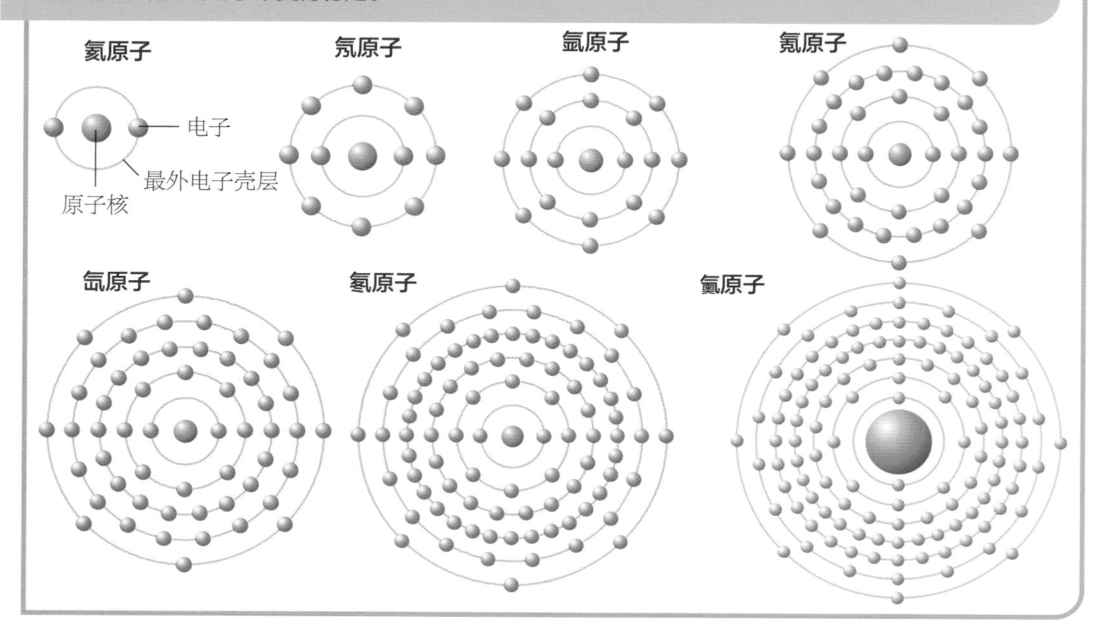

与将氢燃烧成氦的太阳不同，这一椭圆星系中的古老、炽热的蓝色恒星在很久以前就耗尽了中心的氢，现在则正在将氦聚变成更重的元素。

们将空气中的氧和氮去除，剩余的大部分气体是氩气。氩气在希腊语中是“不活跃的”的意思。

威廉·拉姆齐在1895年发现了氦。当时他正在从矿物中寻找氩，却发现了氦。1909年，另外两位英国科学家欧内斯特·卢瑟福（Ernest Rutherford，1871—1937）和托马斯·罗伊兹（Thomas Royds，1884—1955）发现，放射性衰变产生的α粒子是氦核。1898年，拉姆齐和莫里斯·特拉弗斯（Morris Travers，1872—1961）发现了氪和氖。当时他们正在研究液化空气的成分。

1900年，德国物理学家弗里德里希·恩斯特·多恩（Friedrich Ernst Dorn，1848—1916）发现了氡。他在研究镭的时候发现了氡，氡是镭放射性衰变链的一部分。1908年，威廉·拉姆齐和罗伯特·怀特洛-格雷（Robert Whytlaw-Gray，1877—1958）分离氡并测定了其密度。氭于2016年被正式命名，是由俄罗斯科学家于2006年首次发现的。它是一种超重元素，以世界著名的超重元素研究专家尤里·奥加涅相的名字命名。

稀有气体的用途

虽然稀有气体不活泼，但是有些也有商业用途。氦、氩和氖有各种用途，而氪、氙、氡和氭则没有。

氦是所有稀有气体中最有商业价值的一种。它的沸点是所有物质中最低的，而液

科学词汇

衰变链：一个放射性核素逐次衰变直到衰变至一个稳定核素或发生裂变为止的整个过程。

放射性元素：一种原子核不稳定的元素，它可以分解成不同的元素。

氦被用来保持物质的低温。液氦是一种超流体，因为它没有黏性（流动阻力）。超流体可以用于一些研究仪器（如用于重力研究的精密陀螺仪）中。

氦气可以用于派对气球和飞艇中。氦的提升力几乎和氢一样大，但与氢不同的是，它不易燃。氦气在工业中也很有用，包括作为核反应堆的冷却剂和给火箭中的液体燃料加压。它还可以用于医院使用的磁共振成像（MRI）机器中。尽管2016年在坦桑尼亚发现了一种新的氦气来源，但天然存在的氦气资源仍是有限的，人们担心其可能会被耗尽。氩气被用于白炽灯泡中。它很有用，即使在高温下，也不会与灯泡的灯丝发生反应。在焊接中，它还被用作气体保护层，以防止形成氧化物。氩气不易导热，因此常用于隔热窗的玻璃板之间，也用于潜水员在非常寒冷的水中所穿的潜水衣中。氩气还用于一些博物馆保护项目中，以防止空气中的氧气或水蒸气损坏重要的书籍和文件。

氖气最常用于霓虹灯中。然而，它确实有其他用途，如用于电视管中，或用于真空管、高压指示器和避雷器中。液态氖也用于一些不需要像液态氦那样低的温度应用中。

霓虹灯

霓虹灯是含有氖气的灯管。电流通过电子管，使氖原子中的电子充满能量，并使它们发出红光。加入少量的氩、汞或磷会使灯管发出其他颜色。

工业制备

低温（冷冻）蒸馏是生产超纯稀有气体的主要方法。这个过程需要相当大的能量。

将空气冷却，去除所有的水蒸气和二氧化碳。之后，空气经过压缩和冷却等一系列的步骤，直到液化。这个过程会产生大量的液氮和液氧。然后，提高温度将不同的气体从液态空气中分离出来。不同元素的沸点不同，利用这个特性，逐渐升温便可将不同的气体分离出来。氩气是空气中含量最多的稀有气体。

氦气常与天然气混在一起。它可以通过蒸馏液化天然气来获得。

氡

氡是最重的气体之一，其原子质量为222。它有20种同位素，但没有一种是稳

潜水用的混合气体

水肺潜水员通常在浅水区工作，因为他们呼吸的压缩空气中的氮气和氧气会对他们的身体造成影响。潜水用的混合气体用氦气代替了氮气。这可以避免由氮气引起的几个问题。氮气会使潜水员昏昏欲睡，也会溶解在潜水员的血液中。如果潜水员游回水面的速度太快，那么溶解的氮气就会从血液中逸出并在血液中形成气泡。这些气泡会引起一种叫作“减压病”的致命疾病。

有些类型的岩石含有放射性元素，如铀或镭。放射性元素衰变时，会分解成其他元素。有些元素在衰变时形成氡。氡可以从岩石的裂缝中逃逸，并聚集在房屋下的空间中，对居住者的健康构成威胁。

定的。氡的所有同位素都具有放射性，而且半衰期很短。即便是半衰期最长的同位素氡-222，半衰期也只有3.8天。氡-222是镭-226的衰变产物——镭在衰变时释放出α粒子（氦核）。氡-220是钍的自然衰变产物，因此也被称为“钍射气”，它的半衰期是55.6秒，也会释放α粒子。氡-219是从锕中提取出来的，因此也被称为“锕射气”，它也会释放α粒子，其半衰期为3.96秒。

氡通常存在于土壤、地下水和洞穴中，因为这些区域会捕获氡。氡的含量取决于地下放射性矿物质的含量。氡与大气接触时就会迅速地扩散开来。在一些地区，建筑物实际上可以从土壤中捕获氡，地下室中通常会含有高浓度的氡。

尽管氡的半衰期很短，但它是有害健康的，会导致肺癌。虽然氡在几天内就能从体内清除，但它的一些衰变产物的半衰期要长得多，所以它们在肺部停留的时间更长，从而对身体造成伤害。一些研究表明，氡是造成肺癌的第二大常见原因，仅次于吸烟。

在美国，许多房屋必须在地下室安装排气扇，以防止氡聚集。氡检测试剂盒可以让人们知道他们的家园是否处于危险中。

Books

Atkins, P. W. *The Periodic Kingdom: A Journey into the Land of Chemical Elements*. New York, NY: Barnes & Noble Books, 2007.

Berg, J. *Biochemistry*. New York, NY: W. H. Freeman, 2006.

Brown, T. E. et al. *Chemistry: The Central Science*. Englewood Cliffs, NJ: Prentice Hall, 2008.

Burrows, A. and Holman, J. *Chemistry³: Introducing Inorganic, Organic and Physical Chemistry*. Oxford: Oxford University Press, 2017.

Cobb, C., and Fetterolf, M. L. *The Joy of Chemistry: The Amazing Science of Familiar Things*. Amherst, NY: Prometheus Books, 2010.

Dean, J. and Holmes, D. A. *Practical Skills in Chemistry*. London: The Royal Society of Chemistry, 2018.

Davis, M. et al. *Modern Chemistry*. New York, NY: Holt, 2008.

Gray, T. *Reactions: An Illustrated Exploration of Elements, Molecules, and Change in the Universe*. New York, NY: Black Dog and Leventhal Publishers, 2017.

Khomtchouk, B. B., McMahon P. E., and Wahlestedt C. *Survival Guide to Organic Chemistry*. Boca Raton, FL: CRC Press, 2017.

Lehninger, A., Cox, M., and Nelson, *D. Lehninger's Principles of Biochemistry*. New York, NY: W. H. Freeman, 2008.

Oxlade, C. *Elements and Compounds (Chemicals in Action)*. Chicago, IL: Heinemann, 2008.

Saunders, N. *Fluorine and the Halogens*. Chicago, IL: Heinemann Library, 2005.

Wilbraham, A., et al. *Chemistry*. New York, NY: Prentice Hall (Pearson Education), 2001.

Woodford, C., and Clowes, M. *Routes of Science: Atoms and Molecules*. San Diego, CA: Blackbirch Press, 2004.